中国生物工程学会
Chinese Society of Biotechnology

Synthetic Biology Roadmap

合成生物学路线图 2030

驱动下一代生物制造的引擎

合成生物学发展战略研究组

科学出版社

北 京

内 容 简 介

合成生物学的科学性和应用价值受到社会广泛关注，被认为是生命科学研究的一种新范式（造物致知），是生物技术迭代提升、生物制造变革性发展的核心驱动力（造物致用）。"合成生物学-生物技术-生物制造-生物经济"正在构成一个重要创新轴，助力科技强国建设和人类命运共同发展。本路线图由众多学者共同深入研究，充分参考了各国先期发布的多个版本"路线图"及战略发展报告，首次提出了"理论内涵、使能技术、应用展望和治理原则"四位一体的合成生物学学科体系架构，并理性地预测至 2030 年的发展目标及实现路径。

本书作为国际上合成生物学发展路线图的中国版本，将为合成生物学的科研、教学、成果转化、公众参与和认知提供重要参考。同时，我们也希望它能够为国家合成生物学战略规划和部署、合成生物学学科建设和产业发展提供决策依据，助力赋能生物制造新质生产力。

图书在版编目（CIP）数据

合成生物学路线图：驱动下一代生物制造的引擎.2030/合成生物学发展战略研究组编. —北京：科学出版社，2024.5

ISBN 978-7-03-078386-8

Ⅰ.①合… Ⅱ.①合… Ⅲ.①生物合成–研究 Ⅳ.①Q503

中国国家版本馆 CIP 数据核字（2024）第 075380 号

责任编辑：王 静 罗 静 刘 晶／责任校对：严 娜
责任印制：肖 兴／封面设计：刘新新

科 学 出 版 社 出版
北京东黄城根北街 16 号
邮政编码：100717
http://www.sciencep.com
北京建宏印刷有限公司印刷
科学出版社发行 各地新华书店经销

*

2024 年 5 月第 一 版 开本：787×1092 1/16
2024 年 7 月第二次印刷 印张：17
字数：403 000

定价：318.00 元
（如有印装质量问题，我社负责调换）

合成生物学发展战略研究组

研究组组长： 张先恩

研究组成员（按姓氏笔画排列）：

于　涛	马迎飞	王　劲	王　杰	王　勇	王　猛
王亚清	王国豫	王钦宏	王祥喜	王雅婕	王皓毅
甘海云	石家福	卢　元	叶海峰	史硕博	付梅芳
冯　雁	冯进辉	司　同	曲　戈	朱之光	朱华伟
朱健康	向　华	刘　涛	刘　婉	刘兴国	刘陈立
刘海涛	刘海燕	江会锋	汤雷翰	祁　飞	许　平
孙周通	严　飞	严　兴	杜　立	李　春	李　峰
李　健	李　寅	李玉娟	李金根	李炳志	李雪飞
杨　弋	杨　辉	杨广宇	连佳长	吴　边	吴晓磊
汪小我	沈　玥	宋　浩	宋茂勇	张　旭	张　翀
张立新	张承才	陈　方	陈　鹏	林　敏	林章凛
罗小舟	金　帆	金　城	周宁一	周志华	周景文
周雍进	庞代文	郑　浩	郑宏臣	赵　勇	郝子洋
胡　政	胡　强	柏文琴	钟　超	娄春波	姚　斌
秦　磊	秦建华	袁曙光	高彩霞	陶婷婷	黄　鹤

黄建东　崔宗强　葛　韵　蒋建东　傅雄飞　游　淳

谢　震　雷瑞鹏　熊　燕　缪　炜　潘　宏　戴　磊

戴宗杰　戴俊彪　魏　平　魏　征　魏文胜　魏鑫丽

咨询专家（按姓氏笔画排列）：

马延和　元英进　邓子新　田志刚　朱　冰　朱玉贤

刘昌胜　江桂斌　汤　超　李　林　李家洋　杨胜利

杨焕明　张友明　张玉奎　陈　坚　陈　薇　陈晔光

陈润生　欧阳颀　赵进东　赵国屏　种　康　饶子和

贺福初　高　福　曹竹安　康　乐　阎锡蕴　韩　斌

韩家淮　谭天伟　谭蔚泓　樊春海

工作组组长：傅雄飞

工作组成员：李玉娟　李雪飞　祁　飞　吴　蔚　黄　怡　李　敏

序 一

  合成生物学是生命科学在 21 世纪出现的一个分支学科，当我们开始认识"合成生物学"这一概念时，或许未曾想到它会在短短二十年间成为一门备受瞩目的学科。

  生命科学一直按还原论思路发展，DNA 双螺旋模型的提出把生命科学推向分子生物学时代，人类基因组测序计划使得科学家以基因组为起点开始系统地探索和研究生命活动和生物体，生命科学开始由实验科学向系统科学和预测科学演变，加之计算生物学又进一步在定量系统生物学的基础上建立生命活动的数学模型，在这样的背景下合成生物学应运而生。作为生命科学领域的一个新兴学科，合成生物学的发展充分展现出科学与工程相融合的特点。

  回顾合成生物学的发展历程，我为这一领域的迅猛发展而赞叹。从最基本的生物元件标准化，到生物线路的设计与构建，再到生物体系的优化与调控，逐渐实现对生命体系的理性设计与编辑，开拓了生物技术新天地。合成生物学创新应用向医学、工业、农业、能源、环境、材料、信息等领域的迅速拓展，驱动下一代生物制造与未来生物经济。

  我国科学技术部从 973、863 计划前期布局到"十三五"重点专项的系统性布局以及"十四五"规划强化支持，极大地提升了中国合成生物学研究实力，使中国成为国际合成生物学领域的主要力量之一。在此背景下，中国生物工程学会提出并组织开展面向 2030 年的合成生物学发展战略研究，对合成生物学未来发展做出前瞻性思考和战略谋划，凝练形成该书，具有重要战略意义。该书汇集了自然科学、工程科学和社会科学等领域 40 余家高校及科研单位的 100 余位重量级学者和一批企业界人士的智慧，明确至 2030 年研究方向与目标，并提出基于国际科技界共识的合成生物学发展治理原则，具有重要的学术参考价值与产业指导意义。

　　合成生物学的发展远未到达巅峰,随着合成生物技术迭代发展,赋能应用不断拓宽,必将在未来生物经济振兴中发挥核心作用,为全球可持续发展提供全新解决方案,而该书的出版将为合成生物学未来学科建设和产业发展提供重要参考。

　　是为序。

杨胜利

2024 年 5 月

序　二

　　自然科学（物理学、化学、生物学、地学、天文学）研究对象在时空尺度上的巨大差别与紧密相系，既决定了学科的区分，也决定了学科间的交叉。生物学在 19世纪末至 20 世纪初，从"描述"发展到"分析"，即以认识生命运动的普遍机理为主的"生命科学"研究阶段后，得益于学科交叉和技术创新，于 20 世纪中后期，接连形成了"分子生物学"和"基因组学"两次重大的革命。

　　本世纪伊始，在上述两次革命的基础上，通过引入工程学理念和研究范式，重新界定了"合成生物学"，开启生命科学"会聚"研究的新时代。2009 年，合成生物学刚刚起步，英国皇家科学院和工程院就建议中国和美国的科学院和工程院，组织召开三国六院合成生物学研讨；后历时 2 年筹备，于 2011～2012 年先后在伦敦、上海和华盛顿分别以"合成生物学与社会财富（Synthetic Biology and Social Wealth）"、"合成生物学与使能技术（Synthetic Biology and its Enabling Technology）"，以及"合成生物学——为了下一世代（Synthetic Biology for the Next Generation）"为主题召开了三次会议，全面讨论合成生物学的内涵、技术、平台、科学与经济意义、相关社会伦理文化问题以及政策与管理等，对于随后十来年合成生物学的发展发挥了重要的作用。此后，主要基于合成生物学不断显示对生命科学和生物技术有力的"赋能"潜质以及由此对于社会生产力迭代升级甚至"颠覆性"突破的重大影响，英国、欧盟、美国、加拿大和澳大利亚等国相继发布合成生物学路线图，截至 2023 年已多达 11 份，内容主要涉及生物经济和宏观国家战略，领域覆盖半导体合成生物学、微生物组学、生物材料、国防和气候变化等方面。

　　目前，我国合成生物学研究已经取得系列重大突破。例如，酵母染色体合成与染色体工程、二氧化碳资源化及高值化合物合成、系列重要天然产物生物合成途径解析及人工生物（分子机器或细胞工厂）合成与产业转化、新型基因编辑技术、新酶的计算机辅助设计等。但是，总体而言，我们仍缺乏完善的学科体系架构。这不仅影响国家战略谋划和前瞻布局，以及形成有利于"会聚"的全社会参与的生态系统；而且影响产业营造"转化型研究"的赋能通道，以及在加强生物安全和伦理风险监管科学研究的基础上建立科学和高效的管理体系。

该书作为合成生物学路线图的中国版本出版，既是及时雨，也是指路灯，与前期中国科学院和国家自然科学基金委员会联合发布的《中国合成生物学 2035 发展战略》相辅相成。该书与国际上已发布路线图不同的地方在于创新性地提出了合成生物学多尺度理论框架，阐释了生物学原理"白箱"和人工智能"黑箱"的融合发展；应用部分突出了合成生物学"造物致知"和"造物致用"的核心理念。通过阅读这本书，读者可以从基础理论、使能技术、应用展望、能力建设与治理原则四个方面了解到合成生物学的现状与未来。

该书凝聚了众多专家学者的思想贡献与理论实践，首次提出将合成生物学作为一个新兴学科体系来建设，体现了更为清晰的，且具有时代特征的学科发展脉络，具有重要的科学意义。我相信，该书的出版将为合成生物学的研究部署、平台建设、人才培养、国际合作和产业政策等提供重要参考，也将成为与国际同行和公众交流的一种重要形式。

是为序。

赵国屏

2024 年 5 月

前　言

合成生物学是一个新兴的多学科交叉前沿领域，其科学性和应用价值受到社会广泛关注，被认为是生命科学研究的一种新范式（造物致知），是生物技术迭代提升、生物制造变革性发展的核心驱动力（造物致用）。

2009～2011年，中国、美国和英国三国的科学院和工程院共同组织了历史性的"三国六院"合成生物学系列会议，全面讨论合成生物学的内涵、意义、技术、平台和政策。此后，主要发达国家纷纷制定并发布了相关发展路线图和战略报告。这些路线图和报告成为2023年美国发布《国家生物技术和生物制造宏大目标》的主要参考。该计划将合成生物学称为"新兴生物技术"，强调其宏大目标的实现有赖于"合成生物学与人工智能的突破"。

中国高度重视合成生物学的发展。科学技术部从973计划和863计划的前期布局到"十三五"重点专项的系统性布局，以及"十四五"规划的强化支持，极大地提升了中国合成生物学研究实力，使中国成为国际合成生物学领域的主要力量之一。新时期，生物制造与生物经济被列为国家战略，迅速成为全社会的关注点。国家发展改革委员会发布了中国首部生物经济规划《"十四五"生物经济发展规划》，科学技术部部署了合成生物学、绿色制造、生物与信息融合（BT与IT融合）等多个重点研发专项，一些地方政府也纷纷设立合成生物学和生物制造专项，部分地区还设立了政策配套的产业园区，培育了一大批初创企业甚至上市公司，投资人也踊跃跟进。"合成生物学-生物技术-生物制造-生物经济"主轴正在为实现科技强国和人类共同发展目标奏响一支新的主旋律。

为了对合成生物学领域的未来发展作出前瞻性思考和战略谋划，中国生物工程学会开展了面向2030年的合成生物学发展战略研究，具体由合成生物学分会组织实施。

中国生物工程学会合成生物学分会（以下简称"分会"）是"中国合成生物学科技工作者之家"，汇聚了中国合成生物学领域的主要专家学者。为了完成这项重大的学术任务，分会成立了研究组和工作组。研究组包括来自 40 余家高校和科研单位的 100 余位重量级学者及一批企业界人士；大家在充分参考各国发布的合成生物学路线图和战略报告的基础上，结合领域研究进展，反复深入讨论形成初稿，同时咨询了 30 多位中国科学院和中国工程院学者及资深专家后，撰写出本书。

本书内容分为"3+1"共 4 个方面。

一是理论框架。迄今，国际上已经发布的路线图尚未体现理论部分。中国学者通过多年科学实践和"香山科学会议"等学术活动，形成重要思路及共识，在本书中进行了理论探讨，包括两大部分：合成生物学多尺度理论框架、合成生物学与人工智能。这是本书的一个特色。

二是使能技术。重点凝练了 12 类技术方向，包括：DNA 测序、合成与组装，基因编辑，蛋白质设计，基因线路，底盘细胞，无细胞体系，人工多细胞体系，类器官工程，非天然编码与合成生物体系，生物-非生物杂合体系，生物自动化铸造工厂，元器件资源与信息平台。通过研讨，本书对技术的迭代发展水平及目标做出至 2030 年预判。与国际上已有的路线图相比，体现了新的进展，适当拓展了内容、调整了部分目标。

三是应用展望。包括两部分：单细胞从头合成（造物致知），这是多种合成生物学使能技术的集中体现，它不是一般意义上的应用，而是要实现一个具有极大挑战性的科学与工程目标；合成生物学促进生物制造与生物经济（造物致用），作为合成生物学在工业、医药、农业、食品、环境、信息交叉等领域应用的导读。

四是保障能力与治理原则。涉及合成生物学的伦理考量、法律监管、人才培养、资金保障、学术组织与国际交流、公众科普等，提出基于国际科技界共识的合成生物学发展治理原则，与国际同行和公众共同促进合成生物学的健康发展。

就内容来看，这是一本完整的合成生物学路线图，在各国先期发布的多个版本"路线图"的基础上，首次提出"理论框架、使能技术、应用展望和治理原则"四位一体的合成生物学学科体系架构，并理性地预测了到 2030 年发展目标及实现路径。我们于 2023 年在全球合成生物学/工程生物学发展战略研讨会（EBRC Global Forum 2.0）上交流了该体系架构，得到国际同行的认可。本书是世界合成生物学发展路线图的中国版本，它将为合成生物学学科体系建设、国际交流与合作、国家相关科技规划部署及下一代生物产业发展提供重要参考。

本书凝聚了众多学者和产业界代表的智慧和辛勤付出，在此致谢。

　　杨胜利、欧阳平凯、曹竹安等先生当年在国家 973 计划中前瞻性地建议了合成生物学研究；赵国屏先生代表中方参与组织和主持"三国六院"会议，并与杨焕明、欧阳颀、邓子新、赵进东、马延和、元英进、刘陈立等先生在早期实践、团队建设和基地建设方面做出了卓越贡献。

　　汤雷翰、汪小我、戴俊彪、向华、冯雁、李春、魏平、王钦宏、李寅、秦建华、陈鹏、李峰、司同、周志华、林章凛等学者在本书各章节撰写过程中付出了大量的精力，他们与百余位学者和企业专业人士紧密合作，完成了本书的主体部分；三十多位咨询专家以他们高深的学术造诣和战略思维对本书提出了重要的咨询意见。

　　中国生物工程学会理事长高福先生、秘书长张宏翔先生对本研究给予了大力支持。工作组由深圳理工大学、中国科学院深圳先进技术研究院、中国科学院生物物理研究所、深圳合成生物学创新研究院、深圳市合成生物学协会等机构人员组成，他们高度的责任心和工作效率是本书完成的重要保证。

张先恩

2024 年 5 月

生物化工
生物材料
生物能源

单细胞
从头合成

生物医药

数据模型与虚拟细胞

基因技术

基因线路

定量生物学
（白箱）

蛋白质设计

非天然编码
杂合生物体

人工智能
（黑箱）

生物农业
未来食品

多细胞体系

底盘细胞

无细胞体系

环境生物
技术

生物信息
技术

伦理法规政策

目　　录

绪 论 1

合成生物学（synthetic biology）以生物科学为基础，会聚化学、物理、信息等学科，并借鉴工程学原理，设计改造天然的或合成新的生物体系，揭示生命运行规律（造物致知），变革生物体系工程化应用（造物致用），因此又称为工程生物学（engineering biology）。合成生物学作为认识生命的"钥匙"、改变未来的颠覆性技术，打开了从非生命物质向生命物质转化的"大门"，实现了生命体系的理性设计与编辑，为生命科学研究提供了新范式，实现了生命体系的理性设计与编辑，迭代提升生物技术，驱动下一代生物制造与未来生物经济。

一百多年前，法国学者提出了人工模拟合成细胞的理念；20 世纪中叶，美国和中国学者相继实现了 DNA、RNA 和蛋白质等生物大分子的人工体外合成；21 世纪初，科学家成功利用生物元件在微生物细胞底盘内构建逻辑线路，引入工程学理念，开启了合成生物学新的进程。双稳态基因网络开关、基因振荡网络证明了复杂代谢调控的逻辑性、人工再设计的可实现性；基因组编辑、基因模块的挖掘与解析、生物体系的模拟与设计，丰富了合成生物学的底层技术；人工合成病毒、细菌及酵母等微生物的基因组，实现了大规模人工合成生命遗传物质的突破；简约基因组的开发为认识基因组功能和构建底盘细胞提供了新的思路；遗传密码子的拓展和含非天然氨基酸蛋白质的合成，开创了生命体的新形式及应用前景。

使能技术的系列突破，为解析生命运行规律提供了全新的手段，并加快了合成生物学的工程化应用。基于人工智能的蛋白质结构预测算法 AlphaFold 为蛋白质的从头设计提供了颠覆性的技术手段，展示了数据驱动范式在生命科学研究中的巨大潜力；基于数学物理模型解析生物网络拓扑结构与功能的定量关系，为理解与设计人工基因回路提供了理论框架；青蒿素前体、阿片等重要植物药物的酵母合成，昭示了天然产物人工高效合成的巨大潜力；二氧化碳转化为淀粉、葡萄糖和油脂等技术的出现，为二氧化碳的资源化、高值利用开辟了新的途径；生物基材料和原料的大规模合成，展示了绿色生物制造替代传统能源化工的巨大潜力；DNA 存储、纳米生物器件、合成生物传感器等电子生命系统，正逐步从概念走进现实。

合成生物学创新应用向医学、工业、农业、能源、环境、材料、信息等领域的迅速拓展，加速传统制造业转型升级，加快助力合成生物学赋能下一代生物制造新质生产力，将在生物经济的振兴中发挥核心作用，为促进全球可持续发展提供全新的解决方案。

合成生物学的巨大潜力和广阔前景引起了世界各国的广泛关注，欧盟、美国、英国、加拿大、澳大利亚等相继发布合成生物学路线图及发展规划，例如，英国的《合成生物学路线图（2012）》，美国的《半导体合成生物学路线图（2018）》、《工程生物学：下一代生物经济的研究路线图（2019）》、《微生物组工程：下一代生物经济研究路线图（2020）》、《工程生物学与材料科学：跨学科创新研究路线图（2021）》、《气候与可持续发展的工程生物学研究路线图（2022）》，澳大利亚的《国家合成生物学路线图（2021）》，加拿大的《工程生物学白皮书（2020）》等。

中国高度重视合成生物学的发展。中国、美国和英国曾联合发起"三国六院"（科学院/工程院）合成生物学系列研讨会（2009～2011 年），从科学、愿景、技术、平台、政策等方面全方位讨论了合成生物学的定位和发展目标。科学技术部从 973计划前期布局到"十三五"重点专项的强化实施，以及"十四五"规划持续支持，极大地提升了中国合成生物学研究实力。国家发展和改革委员会、教育部、中国科学院及国家自然科学基金委员会等均着力布局合成生物学。深圳、天津、上海等地方政府通过设立专项研发计划、新型研究机构、人才培养载体、重大基础设施、产业发展基金等举措，积极推动合成生物学发展。

近十余年，中国的合成生物学发展已具备良好基础，成为国际合成生物学领域创新与应用的重要贡献者，在基础研究、技术创新和产业应用方面取得了一批重大成果。其中，真核生物酿酒酵母染色体的从头设计与化学合成、"16 合 1"酵母染色体的人工创建、二氧化碳到淀粉的体外从头合成、二氧化碳到葡萄糖和脂肪酸的胞内合成等 4 项研究相继入选年度中国十大科技进展新闻。

为促进合成生物学快速健康发展，中国生物工程学会牵头、合成生物学分会组织实施，会集中国合成生物学领域专家，开展"面向 2030 年的合成生物学发展战略研究"，形成《合成生物学路线图 2030》。本书旨在梳理理论框架，完善合成生物学学科体系；开展技术预测，为合成生物学创新和应用提供参考；提升公众参与和认知，支持合成生物学创新发展。

本书包括理论框架、使能技术、应用展望及能力建设（3+1）四个部分。

理论框架包括两大部分：一是"合成生物学多尺度理论框架"；二是"合成生物学与人工智能"。使能技术重点凝练了 12 类技术方向，分别是：DNA 测序、合成与组装，基因编辑，蛋白质设计，基因线路，底盘细胞，无细胞体系，人工多细胞体系，类器官工程，非天然编码与合成生物体系，生物-非生物杂合体系，生物自动化铸造工厂，元器件资源与信息平台。应用展望涵盖单细胞从头合成（造物致知），以及合成生物技术在工业、医药、农业、食品、环境、信息交叉等领域的应用（造物致用）两大部分。此外，合成生物学的发展需同步开展合成生物科技政策和伦理法规研究。保障能力建设提出建立一套符合科技发展规律和阶段性特点的伦理治理体系，健全高校、科研机构、企业、学会、协会、联盟，以及科研人员和社会公众等多方参与、协同共治的科技伦理治理机制，推动科技活动与科技伦理协调发展；与此同时，还应积极开展科技交流与合作，共同应对科技挑战，推进合成生物科技与产业高质量发展。

理 论 框 架 2

　　合成生物学是一门新兴的交叉学科，基因线路改造及 DNA 合成等工程技术驱动其初期的发展，但奠定此新兴学科的理论体系尚未形成，已发布的路线图中亦未体现理论框架。伴随着合成生物元件规模及应用场景的不断拓展，其内部运作及与环境和宿主互动的复杂度呈指数增加，给合成生物学可预测性设计（或称"理性设计"）带来重大挑战。理论框架的推进，将有力促成合成生物学与传统数理学科的会聚，突破更高效、更可控和更稳健的智能化生物系统构建的瓶颈，为工业化生产奠定基础。

　　当前，探索并定量评估生物功能模块（包括天然及人工合成模块）的工作机制和性能，并归纳成系统性设计原理，主要有两种研究方法：一是传统"定量生物学"方法，即通过定量表征组元和数理演绎建模的方法，构建知识驱动的"白箱"模型；二是从生物大数据出发，运用机器学习等"人工智能"方法加以统计归纳，构建数据驱动的"黑箱"模型。第一类方法适合循序渐进地增加模块的复杂度并建立标准，而第二类方法则直接从大量案例提取生命过程内在的结构和关联，为构件设计提供方案。为促进下一阶段基础与应用研究的深度融合，中国组织了"定量合成生物学"香山科学会议（2021），已形成一些重要的思路和共识，将在本书中进一步梳理与展现。

　　本书的理论框架共包括两个部分。第一部分聚焦基于"白箱"模型的理论展望和布局，针对产生特定功能的生命体系，建立对应的模型与理论，由简到繁实现生物系统的理性设计与精准合成这一工程目标。第二部分聚焦基于人工智能理论和技术推动的合成生物学研究，通过知识-数据的深度融合，拓展合成生物模块的功能及应用场景。

合成生物学多尺度理论框架

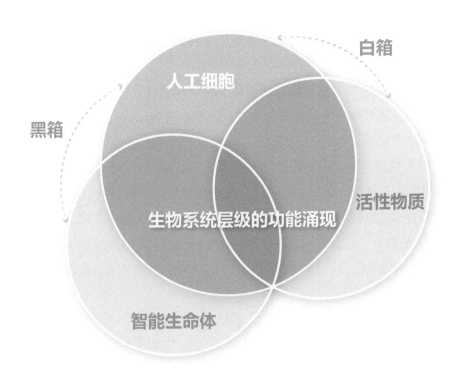

编写人员　汤雷翰　刘陈立　傅雄飞　李雪飞

2.1 合成生物学多尺度理论框架

2.1.1 摘　要

生命体系在亿万年的演化中，造就了极为丰富的功能模块。这些模块通过有序互动，承载着生命的运作、繁衍，适应变化的生态环境。合成生物学的基本任务是对现有模块进行整理、改组乃至重新设计，强化、扩展特定功能，为工业化生物合成及医疗健康等领域服务。功能模块的基本单元是具有特异结合能力的蛋白质，从蛋白质到分子信号通路、代谢网络、细胞骨架、分子机器、有膜及无膜细胞器等，构成了多层次生命活动的物质基础，也就是生命体系的"硬件"，而特定模块的激活及相互作用则组成了生命体系的"软件"。

理论和计算研究布局，可针对合成生物学近期和中期发展需求，聚焦相关生命构件和过程的结构特性及其自组织形成、运作及演化，揭示物质运动和信息编程之间的密切联系，并结合"黑箱"模型的最新发现，探索功能组件的设计原理，不断提升人工元件和基因线路的智能指标。这些研究包括蛋白质功能设计、信号转导通路的调节与控制、代谢网络的改造和稳态、无膜细胞器的形成和设计，以及更大尺度的生命过程（如微生物 DNA 复制和细胞分裂等）。

2.1.2 技 术 简 介

（1）生物大分子形成生命构件的组织原理和演化理论

生物大分子是生命活动的基础和关键。其中，蛋白质分子的"序列→结构→功能"对应关系是结构生物学领域的核心问题[1]。相反，"功能→结构→序列"流程则是蛋白质设计领域的核心，它可以用于对现有蛋白质进行理性改造，也可以指导从全新的序列出发设计蛋白质，是合成生物学的理论基础，也有重要的应用前景[2]。近年来，随着深度学习等人工智能技术的进步，AlphaFold 等方法能够根据序列准确地预测蛋白质的结构[3]，ESM 等大型蛋白质语言模型能辅助预测功能，这些表明在"序列→结构→功能"的正向研究方面已取得重大突破。同时，结合深度学习模型（如 RFdiffusion 和 ProteinMPNN）进行基于结构的蛋白质设计的初步成功，为"功能→

结构→序列"的反向研究提供了新思路。但是，绝大多数蛋白质结构预测模型和蛋白质序列设计模型都假设在序列固定的情况下，蛋白质结构保持不变。而实际上蛋白质的结构是动态的。进一步理解蛋白质序列、结构和功能的关系，以及提高蛋白质功能预测和设计的准确度，必须挖掘蛋白质进化过程中的动力学信息和建立蛋白质动力学理论模型。在自然界中，从表现型到基因型的反向流程是通过进化实现的，生物功能通常是自然选择过程中的关键约束，因此，进化研究可以为我们建立合成生物学"白箱"模型提供重要的参考[4]。

（2）细胞增殖所需最简组分与组分间相互作用的理论

单细胞生物的生长、复制、分裂功能协同是一个复杂的理论问题，目前的计算模型主要依照微生物在不同生理条件下的运行模式，相应的功能协同理论模型是建立在若干优化原理基础上的，需要众多的信号转导和基因线路来支撑[5]，许多分子生物学机制仍有待解析。合成生物学的发展为构建更简洁、可实现生长-复制-分裂功能协同的基因线路提供了可能性，这是一个极富有挑战但具有重要意义的研究方向。通过定量刻画、抽象提取现有生物功能协同的调控网络结构与原理，利用合成生物技术重建具有相同逻辑原理的人工基因线路，可以极大地推动合成生物学技术的进步，并为最终实现合成生命、设计生命的目标打下坚实的基础。

（3）细胞在噪声环境下行使生命功能的基础理论

细胞在噪声环境下行使生命功能的基础理论研究还不够完善，核心课题是在分子层面执行任务的准确率与速度、相应资源消耗等指标的平衡。一方面，复杂基因线路的运行受到细胞内外噪声的影响，相关的控制论研究已有一定的积累[6]。但是，基于统计物理和涨落热力学的信息传递理论研究相对较少，相关的理论研究对于揭示生理环境下分子线路的信息传导效率、精度、稳定性、能耗及物理极限具有重要意义。另一方面，分子机器（如蛋白质及复合体）的运输及其空间分布的改变会影响细胞内的生化反应，并且相关过程需要消耗能量，因此是一个非平衡过程。最近至 2030 年，基于统计物理的相关理论研究有新的进展[7,8]，但是考虑空间转移过程中的涨落等因素的理论研究相对较少。

（4）生命系统自组织涌现行为及相变理论

生命系统中存在丰富的自组织现象，如鸟群、鱼群通过局部自组织形成的集群同向运动。针对这类现象，已有一些理论和计算研究，但是生命非平衡态系统中的其他自组织和相变现象还需要新的理论来解释与发展。例如，细胞中广泛存在的液-液相分离自组织过程是如何通过细胞内的蛋白质-蛋白质与蛋白质-细胞内环境相互作用驱动的？生物发育过程中的自组织过程是如何由细胞-细胞之间的相互作用与通讯实现的[9]？相应的理论研究可以为定量改造和构建人工生命系统提供理论指导。

（5）选择压力下生物智能化模块的形成机制与特性

生态环境的稳定性及复杂性是生态理论研究的热点与难点[10]。目前的研究范式主要是观测生态环境内各生物的组成变化，但是对系统规律的提取方法仍有待突破，而且相关实验体系的定量化和系统化研究仍有待发展。对于单一生物体，可以通过产生一个或一系列特定的基因突变来重塑内部基因调控网络，从而适应其所处的生态环境。但是，这些突变过程的随机性与普适性原理仍有待揭示。开展相关的理论研究有助于揭示规律背后的普适性原理，帮助理解与疾病相关的微生态环境，对于合成生物学改造与重构微生态环境也非常重要。

（6）固定环境下模式生物与变化环境下智能化生物的比较性理论研究

低等生物可以通过特定的调控网络来适应环境的变化，适应性的响应原理（如普适性、特殊性、类别、关键逻辑和鲁棒性）是领域内的研究热点。目前已有基于深度学习的智能化生物体的模拟研究，发现这些生物体在特定的规则约束下可以产生针对规则的行为变化，提高适应性[11]，但是深度学习的可解释性还需要提高。开展相关的比较性研究有助于理解现实中的生命体学习和适应逻辑，提升对适应性响应原理的理解。

2.1.3 路 线 图

当前水平

以 AlphaFold2、MXfold2 为代表的基于深度学习的序列到结构、生物大分子相互作用预测算法发展迅速，但是功能到序列的理论与算法仍有待发展。

目标：通过研究分子序列的进化路径及分子内部结构的区块协同关联，发展功能→结构→序列的"白箱"理论

突破能力	近期进展	至 2030 年进展
通过研究分子序列的进化路径，发展功能→结构→序列的"白箱"理论	初步建立生物大分子单分子功能产生的"白箱"理论 • 探索具有同一类功能的生物大分子在大尺度构象变化、催化和别构等方面的异同及其序列的进化	拓展和完善多个大分子互作功能产生的"白箱"理论 • 深入研究生物大分子相互作用功能结构与序列基础 • 挖掘内禀无序蛋白的聚集等功能背后的进化机制

图 1 生物大分子形成生命构件的演化理论路线图

当前水平

针对自上而下构建的最小基因组细胞的模拟算法已经实现，但是不同功能系统之间的协同原理仍未有理论指导。

目标：提出单细胞内多功能所需的最简组分与最简相互作用的理论

突破能力	近期进展	至 2030 年进展
迭代筛选单细胞内多功能能协同的调控网络结构	建立单细胞增殖所需的最简组分的迭代筛选理论 • 建立理论框架	建立实现单细胞增殖最简调控网络的迭代筛选理论 • 建立理论框架，迭代筛选网络结构并探讨鲁棒性

图 2 细胞增殖所需最简组分与组分间相互作用理论路线图

当前水平		
研究互作网络自由能耗散与能量鲁棒性之间相互制约关系的非平衡态统计物理理论框架；研究暂态过程的统一理论框架仍有待建立。		
目标：针对细胞内噪声环境下，信息传递、分子机器、生物合成及输运等过程，完善基于控制的基础理论，建立基于非平衡态统计物理理论的基础理论		
突破能力	近期进展	至 2030 年进展
发展基于统计物理的信息传递理论	建立生命系统信息传递理论框架 • 明确不同的基因线路在信息传导方面的物理极限	建立研究细胞内部动态过程的非平衡态统计物理理论研究框架 • 在细胞时空尺度上，明确分子机器、生物合成及输运过程在细胞功能与信息传递在时空尺度上的定量影响

图 3 细胞在噪声环境下行使生命功能的基础理论路线图

当前水平		
基于计算机模拟的理论工作较多；集群运动中、序的涌现理论有所发展；生命系统自组织现象底层理论仍有待突破。		
目标：针对生命系统自组织涌现现象，建立基于非平衡态统计物理理论的相变理论		
突破能力	近期进展	至 2030 年进展
新的基于生命非平衡态系统发展自组织相变理论	特定生物现象中的统计物理新理论 • 针对细胞中液-液相分离现象及对应的凝聚体空间结构，建立基于非平衡态统计物理理论的理论研究框架	针对生命系统中自组织现象建立统一的理论框架 • 针对具有集群行为涌现现象的生命系统，建立统一的自组织相变理论研究框架，并界定普适类别

图 4 生命系统自组织涌现行为及相变理论路线图

当前水平

针对基因突变或者抗药机制，有相应的计算研究，但是机制背后的原理不清晰且未进行系统分类。

目标：针对在变化的环境（包括变化的环境）和资源竞争等等选择压力下生物智能化模块的产生，解析机制与原理的普适类

突破能力	近期进展	至 2030 年进展
揭示生物智能化模块稳定性与复杂性的形成过程的机制与普适性原理	**建立研究智能化模块形成机制与原理的理论框架** • 研究生物体通过突变等方式调整基因调控网络的过程，理解该过程的逻辑性、随机性与普适性原理	**建立研究构建稳定生态环境的理论框架** • 在生态环境尺度，揭示与信息流及应对策略相关的系统稳定性与复杂性形成过程的机制及普适性原理

图 5　选择压力下生物智能化模块的形成机制与特性路线图

当前水平

建立智能化生物体行为进化的计算模拟方法；但对于行为产生的底层理论大缺。

目标：针对模式标准化生物体具有学习功能的智能化生物体之间的差异和联系，建立生命功能形成的基本原理

突破能力	近期进展	至 2030 年进展
通过研究具有学习功能的智能化生物体，探索其功能形成原理在合成生命体中的可实现性	**揭示具有学习功能的智能化生物体功能的产生机制**	**明确模式标准化生物体与有学习功能的智能化生物体的差异及联系，建立合成生命体功能的最优化设计理论**

图 6　固定环境下模式生物与变化环境下智能化生物的比较性理论研究路线图

12

2.1.4 技术路径

（1）生物大分子形成生命构件的演化理论

现有技术：目前计算方法日臻成熟，主要分为基于与已知序列比对的深度学习算法和基于分子动力学模拟的计算方法。

目标与突破点：通过研究分子序列的进化路径及相应的物理特性，从智能软物质角度，发展功能→结构→序列的"白箱"理论。

瓶颈：基于人工智能的计算方法在结构预测中对单个位点改变所带来的全局影响不够敏感；缺乏有效整合不同类型、不同来源生物大数据的方法；生物大分子之间的相互作用对计算力需求巨大，而现有的基于深度学习的算法仍有待开发，且可解释性差。

近期：初步建立生物大分子功能产生的"白箱"模型。

至 2030 年：拓展和完善生物大分子功能产生的"白箱"模型。

潜在解决方案

利用像 AlphaFold2、MXfold2 等人工智能算法初步预测蛋白质、核酸等生物大分子的结构，结合短时间分子动力学模拟对应的结构模型，分析特定功能蛋白质、核酸、多糖分子的跨物种演化规律，对蛋白质和核酸分子的大尺度构象变化、催化、别构等功能及其进化展开研究，挖掘与特定功能相关的结构及序列基础，最后从功能→结构→序列的角度提出蛋白质、核酸、多糖等功能产生的基本理论；深入研究生物大分子相互作用等较为复杂的生物功能背后的结构及序列基础，挖掘内禀无序蛋白聚集等功能背后的进化机制。

（2）细胞增殖所需最简组分与组分间相互作用的理论

现有技术：现有理论研究多聚焦于计算方法开发，例如，研究细胞代谢网络的流平衡分析方法，以及针对最小基因组的单细胞、多尺度模拟计算方法，从而研究细胞内生物化学反应的动力学过程与稳态。但是，相关原理总结匮乏，细胞内各功能模块间的调控与协同理论研究薄弱。

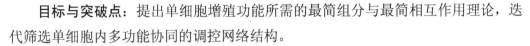

目标与突破点：提出单细胞增殖功能所需的最简组分与最简相互作用理论，迭代筛选单细胞内多功能协同的调控网络结构。

瓶颈：潜在进化路径多，搜索空间大，且普适性规律存在不确定性。

近期：在不同时间尺度上，建立生命组件信息传递理论框架。

至 2030 年：针对单细胞增殖现象，建立完整的理论框架解析与归类。

潜在解决方案

基于完成细胞增殖的基本功能，根据已有的增殖模式，通过数学物理模型筛选相应的最简组分组合，并对组合规律进行抽象提取。基于已有模式生物细胞增殖所知的关键相互作用网络，通过数学物理模型筛选，组合相应的最简网络结构，展开非线性动力学理论研究，并对核心结构特征进行降维总结与分类。同时，从进化的角度加入选择压力，解析不同网络结构在演化路径上的联系与区别。

（3）细胞在噪声环境下行使生命功能的基础理论

现有技术：基于统计物理学的理论与方法已有较多进展，例如，对于生物振荡体系中能量与信息传递理论的建立；非平衡稳态下能量耗散率与信息流之间的定量关系等。但是，跨时空尺度的理论框架尚未建立。

目标与突破点：针对细胞内噪声环境下信息传递、分子机器、生物合成及输运等过程，完善基于控制论的基础理论，建立基于非平衡态统计物理、非线性动力学的基础理论，发展基于统计物理的信息传递理论。

瓶颈：非平衡态统计物理理论与技术手段有限，该过程涉及多个时间与空间尺度，跨尺度理论研究难度大。

近期：在不同时间尺度上，建立生命系统信息传递理论框架。

至 2030 年：在细胞时空尺度上，建立研究分子机器、生物合成、胞内结构重组及输运等过程的非平衡态统计物理理论框架。

潜在解决方案

针对特定生命系统（如自适应调控网络），结合合成生物学构建与定量生物学检测，发展非平衡态统计物理与非线性动力学理论。针对特定生命功能（如细胞极化过程），通过对分子相互作用过程的精细短时间模拟与理论研究，提取关键的时间与空间常数，并在细胞尺度上解析生物大分子间的相互作用模式与最终生物功能之间耦合的原理和机制，以及该过程中能量耗散率与生物功能精确性的平衡理论和物理极限，设计优化的动态过程。

（4）生命系统自组织涌现行为及相变理论

现有技术：针对鱼群、鸟群等自组织集群行为，已经有基于非平衡态统计物理的相变理论。针对特定的功能行为，如发育等过程，也有对应的理论/计算框架，但这些理论工作大多针对特定的体系来解释特定的现象，其普适类研究有所欠缺。

目标与突破点：针对生命系统自组织形成时空有序功能结构，建立基于非平衡态统计物理的相变理论，在生命非平衡态系统中发展自组织编程理论。

瓶颈：液-液相分离现象的机制尚不清晰，且涉及跨尺度的相互作用。该过程涉及多个时间与空间尺度，跨尺度理论研究难度大，普适类的数量与差异性发现难度也大。

近期：针对细胞中液-液相分离现象，建立基于非平衡态统计物理的理论研究框架。

至 2030 年：针对生命系统自组织形成的功能单元（如生物大分子群体、生命体各层次组织结构等），建立统一的理论框架，界定普适类别，建立自组织编程方案。

潜在解决方案

针对液-液相分离现象，结合分子动力学模拟，定量刻画该过程中的自由能输入与耗散，发展非平衡态统计物理的相变理论。总结不同集体行为、发育与分化过程中自组织的共同特征及差异性，结合大规模计算模拟，提取关键的时间与空间常数，并在不同的时空尺度形成不同层次的相变理论，最终通过研究跨层次间的信息与能量耦合，建立跨尺度的统一理论框架，实现自组织行为的调控与编程。

（5）选择压力下生物智能化模块的形成机制与特性

现有技术：相关现象已有报道，例如，酵母可以通过突变，基于现有的蛋白主体，产生新的相互作用网络；癌细胞通过突变，重塑调控网络，绕过药物与免疫细胞的攻击；肠道微生物、生态环境中的物种在环境选择压力下，通过改变相互作用模式，形成稳定的共存体系，但理论研究欠缺。

目标与突破点：针对在环境适应（包括变化的环境）和资源竞争等选择压力下生物智能化模块的形成，解析其机制与原理的普适性。针对单一生物体通过突变等方式利用并重组内部基因调控网络的过程，发展理论框架以理解该过程的逻辑性、随机性与鲁棒性原理。

瓶颈：调控网络庞大、链接众多，寻找针对特定功能的演化位点难度大。该过程涉及多个时间与空间尺度，跨尺度理论研究难度大。

近期：针对酵母调控网络，建立在选择压力下调控网络结构演化的理论框架。

至 2030 年：针对肿瘤组织、肠道微生物群落、海洋环境等复杂生态网络系统，建立研究不同环境稳定性与复杂性的形成过程的机制及普适性原理理论框架。

潜在解决方案

针对酵母调控网络，基于已有的调控网络信息，结合功能需求，采用随机更改网络链接的模拟及功能导向的最速下降方法，寻找网络结构调整的关键位点，建立在选择压力下调控网络结构演化的理论框架，以理解该过程的逻辑性、随机性与鲁棒性原理。针对肿瘤微环境、肠道微环境、海洋微生态环境等，结合合成生物学构建与定量生物学检测，总结生态环境演化过程中的规律，通过结合不同尺度的模型计算，提取关键的相互作用网络结构与关键时空参数，最终提炼不同环境中功能稳定性与复杂性形成过程的机制与普适性原理。

（6）固定环境下模式生物与变化环境下智能化生物的比较性理论研究

现有技术：计算工作有一些新颖的进展，例如，针对具有学习功能的智能化生物体进行算法开发，实现智能化生物体的虚拟进化，但理论研究欠缺。

目标与突破点：针对模式标准化生物体与有学习功能的智能化生物体的差异及联系，建立生命功能形成的基本原理，通过研究具有学习功能的智能化生物体，探索其功能形成原理在合成生命体中的可实现性。

瓶颈：深度学习产生的规律可解释性差；即便对于标准化生物体，功能设计的优化理论仍有待开发。

近期：揭示具有学习功能的智能化生物体的功能产生机制。

至 2030 年：明确模式标准化生物体与有学习功能的智能化生物体的差异及联系，建立合成生命体功能的最优设计理论。

潜在解决方案

进一步发展基于深度学习神经网络的统计物理研究，揭示决定智能化生物体功能的神经网络结构演化规律，并研究相关功能形成的产生路径与鲁棒性。由于具有学习功能的智能化生物体具有更清晰的组分与相互作用，通过对比研究模式标准化生物体与有学习功能的智能化生物体的差异及联系，可以凝练生命功能设计的基本原理并产生针对人工合成生命系统的新原理，用于指导生命功能的理性设计。

2.1.5 小 结

利用数学、物理等方法对生命复杂系统进行建模与计算研究的模式由来已久，但由于生命系统规律的复杂性及多样性，相关研究往往仅能针对特定生物系统，难以形成系统性的理论，可拓展性较弱。通过本研究的开展，本书在生物大分子、单细胞、生物集群等不同的生命时空尺度下，围绕生命功能的产生与演化机制，展望了未来至 2030 年功能化复杂体系的基础理论发展方向、发展路径与关键技术，以期推动生命体系基础理论构建，突破数据与方法瓶颈。相关理论的发展有望为合成生物学的理性设计提供理论支撑。

参 考 文 献

[1] Bahar I, Lezon T R, Yang L W, et al. Global dynamics of proteins: Bridging between structure and function. Annual Review of Biophysics, 2010, 39: 23.

[2] Pan X , Kortemme T. Recent advances in de novo protein design: Principles, methods, and applications. Journal of Biological Chemistry, 2021, 296: 100558.

[3] Jumper J, Evans R, Pritzel A, et al. Highly accurate protein structure prediction with AlphaFold. Nature, 2021, 596(7873): 583-589.

[4] Tang Q Y, Kaneko K. Dynamics-evolution correspondence in protein structures. Physical Review Letters, 2021, 127(9): 098103.

[5] Zheng H, Bai Y, Jiang M, et al. General quantitative relations linking cell growth and the cell cycle in *Escherichia coli*. Nature Microbiology, 2020, 5(8): 995-1001.

[6] Vecchio D D, Dy A J, Qian Y. Control theory meets synthetic biology. Journal of the Royal Society Interface, 2016, 13: 20160380

[7] Wang S W, Tang L H. Emergence of collective oscillations in adaptive cells. Nature Communications, 2019, 10: 5613.

[8] Zhang D, Cao Y, Ouyang Q, et al. The energy cost and optimal design for synchronization of coupled molecular oscillators. Nature Physics, 2020, 16(1): 95-100.

[9] Guan G, Wong M K, Zhao Z, et al. Volume segregation programming in a nematode's early embryogenesis. Physical Review E, 2021, 104: 054409.

[10] Landi P, Minoarivelo H O, Brg L H, et al. Complexity and stability of ecological networks: a review of the theory. Population Ecology, 2018, 60: 319-345.

[11] Gupta A, Savarese S, Ganguli S, et al. Embodied intelligence via learning and evolution. Nature Communications, 2021, 12: 5721.

合成生物学与人工智能

学习　黑箱　设计　标准化数据集和机器学习模型库　测试　构建

编写人员　汪小我　魏　征　刘海燕

2.2 合成生物学与人工智能

2.2.1 摘　　要

合成生物系统的构建依赖于对生命系统的深入理解和精确建模。人工智能技术能够有效学习、建模复杂生物规律，对合成生物系统的功能进行预测，并指导人工生物元件的设计，使复杂的生物规律能够被人直接理解和利用。在高通量生物数据快速增长的背景下，针对合成生物学领域的知识和数据特点，研究人工智能的理论和方法，有望突破"设计-构建-测试-学习"闭环开发流程中的关键技术瓶颈，全面加速开发流程，达到降本增效的目的。

2.2.2 技术简介

（1）人工智能技术

人工智能通常指的是机器所展现出的智能，自 20 世纪 50 年代被提出以来，人们开发了大量的人工智能算法，但由于机器硬件性能和数据量的限制，人工智能算法和模型的性能难以满足实际应用的需求。直到 2010 年前后，随着图形处理器（graphics processing unit，GPU）加速计算的发展和海量数据的积累，以深度学习等机器学习算法为代表的人工智能方法取得了飞跃式的发展，能够在图像等领域实现超越人类水平的识别准确率，并在人脸识别、机器翻译、自动驾驶等多个领域实现商业应用。预测是人工智能的常见任务之一，目的是利用采集到的样本特征来预测某种属性，如图片类别预测、文本翻译、蛋白质结构预测等。生成是人工智能的另一类常见任务，目的是利用所关心样本的概率分布生成具有类似特性的新样本，如图片生成和美化、文本生成、DNA/RNA/氨基酸序列设计等。虽然人工智能技术在多个领域、不同任务上的应用研究水平有所差异，但应用范围在不断扩大，各种模型的性能也在不断提升。

（2）合成生物学与人工智能理论和方法

人工智能技术在各领域中共享相同的基本算法框架，但因为各领域的知识和数据都具有不同的特点，理论和方法上有很大的差别，并不能完全通用[1]。首先，人工智能技术依赖于样本大、质量高、多样性丰富的高通量数据，然而生物数据通常不符合这一条件。其次，生物数据面临更严峻的维度灾难问题，生物样本特征远多于图像等领域的样本，但样本数量仍然十分有限。此外，生物系统的机制非常复杂，已有的人工智能模型的性能评估指标通常不能准确反映其对生物规律的识别水平，这给模型的训练和应用带来很大困难[1,2]。近几年，以 AlphaFold[3]等模型为代表的人工智能技术在蛋白质结构预测任务上取得了突破性的进展，这得益于相关的人工智能理论和方法创新，从而开发出了适用于氨基酸序列和蛋白质结构的神经网络。因此，需要针对合成生物学领域的知识和数据特点深入研究理论及方法，以满足实际的应用需求[1,2,4~8]。

2.2.3　路　线　图

当前水平

缺少针对合成生物学自身对象特点提出的理论模型框架，绝大部分合成生物学问题尚缺乏标准数据集和有效的模型评估方法。

目标1：创建标准化的生物元件模块-功能基准数据集

突破能力	近期进展	至2030年进展
提炼领域内的基本共性问题，针对每个基本共性问题制定数据标准并创建标准化的元件-模块-功能基准数据集	在5~10个基本共性问题上设立标准数据集 · 掌握或开发高通量实验技术 · 开发公共数据整合方法	在10~20个基本共性问题上设立标准数据集 · 降低高通量实验成本 · 以适配人工智能模型训练的方式进行实验数据生成

目标2：建立用于生物元件-模块设计的人工智能模型评估体系

突破能力	近期进展	至2030年进展
基于生物学知识和数据改进已有人工智能模型评估体系，同时增加解释性和透明化以验证模型的可靠性	建立规范化的模型评估基础性指标 · 限定评估指标的应用范围 · 开发模型解释方法进行验证	建立模型评估指标体系 · 评估指标需要综合考虑各种样本带来的实际影响 · 评估体系要综合考虑基型模型机制和生物学知识

目标3：构建用于生物元件-模块设计的机器学习模型库

突破能力	近期进展	至2030年进展
针对合成生物学设计中的关键共性问题，研发新的人工智能方法和模型结构，形成合成生物学设计的机器学习模型库	在5~10个基本共性问题上设立机器学习模型库 · 建立人工智能和合成生物学交叉团队，协同研究人工智能模型 · 鼓励前沿交叉课题	在10~20个基本共性问题上设立机器学习模型库 · 人工智能模型高效融合相关生物学知识 · 有效压减设计空间

图1　构建知识-数据协同驱动的机器学习模型库及相应的标准化数据集路线图

当前水平

尚缺乏有效的可解释人工智能方法，已发表生物文献中的知识和人工智能模型学习到的知识没有得到有效利用。另外，很多已有的和数据中蕴含的知识用于生物系统的仿真与设计还存在一定困难。

目标 1：发展从文献自动挖掘生物知识的人工智能技术

突破能力	近期进展	至 2030 年进展
发展适配生物文献的自然语言处理机器学习模型，突破合成生物元件知识自动化构建技术，构建知识库	在合成生物学主要细分领域建立生物知识图谱和相关的数据库，具有适配的模型和软件，能够自动化提取相关文献中的知识 • 对生物功能和知识进行标准化定义 • 根据生物文献和知识特点，创新设计自然语言处理方法，自动提取生物知识图谱	开发人工智能方法，实现知识图谱的**系统化、自动化、智能化构**建，归纳和分类精度基本达到人工标注水平 • 对天然和合成生物的功能模块进行梳理 • 基于人工智能技术开发更精确的文本清洗工具 • 优化人工智能模型，促进所提取知识与已有生物知识体系适配

目标 2：发展基于可解释人工智能技术的生物知识抽取方法

突破能力	近期进展	至 2030 年进展
发展可解释人工智能技术，深入剖析人工智能模型对生物规律的表示形式，实现模型的白箱化理解	发展常用机器学习模型的解释方法，理解模型的工作机制和相关知识 • 根据神经网络的特点和特定的生物学问题进行解释	基本实现机器学习模型的白箱化解释，自动化提取重要生物规律 • 提升模型性能 • 结合最新的模型机制研究成果，准确辨别模型所识别的模式，实现复杂生物规律的自动化提取

目标 3：开发知识-数据协同驱动的生物系统仿真技术和软件平台

突破能力	近期进展	至 2030 年进展
基于人工智能技术建立知识-数据协同驱动的生物系统仿真框架，有效降低仿真复杂度，实现对跨尺度大规模模型的精确模拟	初步建立知识-数据协同驱动的生物系统仿真框架，实现对局部系统功能的仿真 • 使用基于知识的数理模型和基于数据的人工智能方法建立对细胞功能的数字孪生 • 使用深度学习技术，提升分子互作的仿真精度和速度	建立全细胞模块化仿真平台，以及系统化、标准化的生物大分子粗粒化仿真流程 • 促进机理模型与人工智能模型的融合，提升细胞数字孪生的精度 • 从第一性原理出发，开发新的神经网络构架对理化和力学特性等进行模拟

目标 4: 构建知识-数据协同驱动的生物复杂规律的特征表示和应用

突破能力	近期进展	至 2030 年进展
发展针对合成生物学数据和知识的表示学习技术，将知识有效融入人工智能设计模型，提升对复杂合成生物系统的智能辅助设计能力	获得合成生物数据的有效特征表示，能够使用数据中蕴含的规律开展智能辅助设计 • 训练人工智能模型获取知识的高维特征表示 • 结合数理模型和人工智能模型对高维时空复杂规律进行降维	开发更通用的生物复杂体系降维技术，发展针对性可解释人工智能技术，有效使用生物知识和数据中蕴含的规则进行智能辅助设计 • 使用数理模型和人工智能模型实现通用降维算法 • 结合模型的解释，将相应生物知识嵌入模型

图 2 发展知识-数据协同驱动的合成生物系统逆向设计技术路线图

当前水平

针对酶设计等个别案例，实现了干-湿闭环实验迭代的智能优化，但其中的决策多依赖于经验，在其他应用场景下难以复用。

目标 1: 人工智能驱动的"设计-构建-测试-学习"闭环流水线

突破能力	近期进展	至 2030 年进展
研究基于机器学习的自适应实验设计方法，实现机器学习模型的主动学习，能够自动化地进行实验设计和实验参数调优	针对合成生物学核心问题初步构建自适应实验设计系统平台 • 研究并开发增量数据的使用方法和模型优化策略 • 开发基于机器学习的自适应实验设计方法	人工智能驱动的干-湿闭环实验开发系统平台形成流水线 • 针对特定问题开发主动学习的机器学习模型 • 进一步提高基于机器学习的自适应实验设计水平

图 3 人工智能驱动的干-湿闭环实验系统路线图

2.2.4 技 术 路 径

（1）构建知识-数据协同驱动的机器学习模型库及相应的标准化数据集

现有技术：相比于图像和自然语言等领域，针对生物知识和数据的人工智能理论及方法还相对缺乏，很多合成生物学问题尚缺乏统一的形式化数学定义，缺少用于机器学习模型训练、验证和比较的标准化数据集，难以准确地描述"序列-结构-功能"和"分子-网络-功能"等重要关系，因而大部分问题很难像"蛋白质结构预测"问题一样，开发出像 AlphaFold 那样适配于氨基酸序列和蛋白质结构的模型及训练方法。具体来说，目前已经积累了大量的各类数据，如 DNA、RNA、蛋白质氨基酸、药物小分子等，但在绝大多数合成生物学问题中，缺乏统一的标准化基准数据集，不同研究团队根据各自的目的和经验对数据进行处理筛选，这增加了人工智能技术使用的困难；在多个合成生物学问题中，已经有了一些人工智能的方法，但缺乏对设计可靠性的统一评估体系，难以对不同的人工智能方法进行比较；很多问题仍然缺乏非常有效的方法，模型结构多借鉴自图像和自然语言等领域，尚需针对研究对象的特点进行深入理解和创新；已经开发的一些机器学习模型，还面临所使用程序语言、软件工具、运行环境的限制，难以快速复用已有模型的全部或者部分结构，这对人工智能技术的研究和推广是不利的。

目标与突破点：创建标准化的生物元件/模块-功能基准数据集，深入研究领域内知识和数据的特点，抽象和提炼领域内的基本共性问题，建立规范统一的形式化数学定义，针对每个基本问题制定数据标准并创建标准化的元件/模块-功能数据集，准确描述"序列-结构-功能"和"分子-网络-功能"等重要关系，涵盖基因元件、RNA 元件、蛋白元件、底盘细胞设计和改造等领域。数据的标准需要根据基本共性问题确定，应尽量使得基本共性问题在多个相关的具体应用中都有借鉴意义，而且支持数据集合的持续扩充，能够保证在标准化数据集上训练的人工智能模型易于迁移到特定的问题上。

建立用于生物元件/模块设计的人工智能模型评估体系，结合生物知识和相关数据特点，深入剖析模型评估结果与真实性能之间的差异来源，针对性能的改进评估体系中的薄弱环节，总体上提高评估体系的可靠性。另外，在已有人工智能模型评估体系的基础上，通过白箱化解释验证模型的可靠性，同时根据生物实验验证的结果不断地优化和改进评估体系。

构建生物元件设计的机器学习模型库，针对合成生物学的基本共性问题，利用已有的生物知识和数据，针对性地开发机器学习模型结构，使模型能够高效地学习所涉及的生物规律，准确刻画"序列-结构-功能"和"分子-网络-功能"等重要关系，在此基础上，收集已发表的最先进模型，使用两种指定的软件框架进行复现，形成机器学习模型库。

瓶颈：一些基本共性问题受到实验通量和资金规模的限制，一次性产生大量数据有一定困难。若通过整合公共数据来实现，经常面临实验条件不一致、数据质量良莠不齐、数据预处理信息缺失等问题。部分基本共性问题的高通量实验成本仍然过高，生物实验的背景条件复杂多样，难以获得与人工智能方法适配的数据集合，在这些数据集合上训练的人工智能模型不具有代表性，仅适用于某些特定条件。评估指标往往只针对大多数样本，而一些少数错误分类或者小的误差对研究目标所产生的巨大影响难以被衡量。

人工智能模型往往都非常复杂，实现模型的白箱化解释并以适当的生物形式化表述出来是目前面临的难题。人工智能生成模型所设计的序列不像其他领域的人工智能模型生成的图像和文本那样能通过人工判断质量，也难以通过计算的方法进行评估。人工智能技术中常用的评估指标（如分类模型的准确率和回归模型的 R^2）对于合成生物学领域往往是不够的，数据样本的多样性和问题的复杂程度都会影响模型在设计过程中的真实性能。

人工智能在很多合成生物学问题的应对上应用较少或者不够成熟，往往是由于缺乏可参考的基准模型。而且，生物系统过于复杂，人工智能方法难以在有限的数据集合下对生物系统进行建模，因而性能难以满足应用需求。

近期：在 5～10 个基本共性问题上设立标准数据集，建立规范化的模型评估基础性指标，并设立机器学习模型库。

至 2030 年：在 10～20 个基本共性问题上设立标准数据集，建立模型评估指标体系，并设立机器学习模型库。

潜在解决方案

掌握或开发高通量实验技术，一次性产生大量多样性的数据。以生物医药开发和工业底盘细胞优化中对基因调控序列的设计改造问题为例，对于启动子序列的设计，可使用类似于大规模平行报告系统（MPRA）的技术对十万条合成序列在细胞内的基因表达水平进行评估；对于增强子设计，则可以使用类似 STARR-seq 的技术对大量合成增强子的基因调控性能进行评估。对于公共数据的整合，需要对原始数据进行筛选、清洗和预处理，开发数据整合方法对数据进行规范化，消除批次效应，使得不同实验室得到的数据能够合并使用。以生物医药领域寻找人体细胞差异表达基因为例，收集来自多个实验室不同细胞类型的单细胞 RNA-seq 数据，使用相同的平台技术和流程来进行处理，并标注细胞亚群类型。酶和抗体等蛋白质结构设计所涉及的数据也应遵循相似原则，并开发相应的方法。

对于领域内的关键共性问题，应逐步降低高通量实验的成本；若存在生物技术瓶颈，可集中资金对少数几种模式生物或模式细胞产生足量的数据集合。例如，在美国的 ENCODE 数据库中，由于每个 ChIP-seq 数据成本的数量级大约为 1 万元，一个数据的研究目标对应于细胞类型-抗体类型组合，细胞类型数目乘以抗体类型数目可达到 10^6 种以上，难以实现数据的全面覆盖。具体采取的策略是：针对少数常用细胞系类型，尽可能覆盖足够多的抗体类型；针对少数常见抗体类型，尽可能覆盖足够多的细胞类型，以满足模型的基本训练需求，保证训练的模型能够提取到同一对象不同维度间的关联关系，再把模型进一步迁移到其他相关的应用任务上。在其他领域，如工业底盘细胞的设计改造、工业酶的设计、基因编辑技术设计等，都可以遵循类似原则。

目前，应建立更多的人工智能和合成生物学交叉学科研究团队，支持相关前沿课题，促使人工智能专家在合成生物学专家协助下开发出新的模型结构和训练方法，从而训练出性能卓越的机器学习模型，以满足工业底盘细胞优化、工业酶设计、医药开发等重点领域的基本需求。每个基本共性问题至少应有两种基本模型，并在两种指定的机器学习软件框架下实现。

对已有评估指标的应用范围进行准确限定，针对合成生物学任务，发展能够有效利用生物实验数据和知识数据库对模型进行评估的方法体系。

充分研究对模型设计结果产生重大影响的样本，分析其产生的原因，将这些因素整合到目标函数或人工智能模型的评估当中，以保证评估过程中呈现错误分类对现实世界的真实影响。对于人工智能的白箱化解释，需要基于最新的人工智能模型机理研究，结合所研究问题相关的生物学知识，对人工智能模型内部结构所学习的知识进行比对，发现模型结构和参数所对应的生物学规律。对于生成模型，可以寻找原始样本与生成样本间分布差异的某种度量作为性能评估指标，并使用实验验证其可靠性。

融合相关生物知识进入人工智能模型，有效缩减设计空间，使模型能够在有限的数据集中学习到复杂的规律，满足特定条件下的设计需求。

（2）发展知识-数据协同驱动的合成生物系统逆向设计技术

现有技术：生物知识的发现和应用依赖于对复杂生物系统数据的理解，然而生物系统数据具有多层次、跨尺度、高耦合等特点，其中所蕴含的生物知识难以直接提取，而且已经掌握的知识没有得到清晰、完整和系统的归纳，因而难以应用。从其他领域看，人工智能是解决知识发现和应用的利器，但由于生物数据的特殊性，已有的人工智能理论和方法难以适配生物问题。因此，基于人工智能的生物知识发现和合成生物系统逆向设计主要涉及以下方面：开发自然语言处理方法，从文献中提取知识并构建知识图谱；开发可解释的人工智能模型和方法，能够有效地提取复杂的生物规律；开发知识-数据协同驱动的生物系统仿真和设计方法等。从文献知识归纳来看，目前大量的生物知识以文献的形式发表，缺乏系统的整理，因而难以在合成生物学中得到应用。由于人工整理的成本过于高昂，开发人工智能方法从文本中提取规范化的知识图谱是亟须突破的技术。在多个生物功能预测问题上，人工智能模型已经取得了一些突破，但由于模型过于复杂，模型所学习到的知识难以转化为人能理解的生物学知识，如各种生物元件、分子理化性质、生物系统运行规律等，因而对加深生物学的认识比较有限，也难以得到直接的应用。对于生物系统仿真模型，虽然能够有效地辅助合成生物学设计，也能对设计结果进行评估、降低实验筛选成本，但目前仅能够实现初步的生物系统仿真模型。由于生物学知识体系十分复杂，基于数据和知识的人工智能模型还不成熟，并不能很好地利用结构化知识体系对寻优空间进行约束，难以有效地降低所需的数据量。在生物元件/模块设计问题上，已有人工智能模型主要是数据驱动的模型，如何利用已有知识指导人工生物元件设计是合成生物学的关键问题之一。

目标与突破点：发展从文献自动挖掘生物知识的人工智能技术，基于自然语言处理领域中已有的机器学习模型初步实现从文献自动抽取知识图谱，在此基础上对生物功能和知识进行系统的标准化定义，优化相关机器学习模型的结构，使其适配

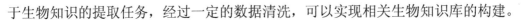

于生物知识的提取任务，经过一定的数据清洗，可以实现相关生物知识库的构建。

发展基于可解释人工智能技术的生物知识抽提方法，深入剖析人工智能模型内部机制，研究模型内部结构对生物学知识的归纳和表达方式，实现从人工智能模型中提取复杂的生物学规律。

开发知识-数据协同驱动的生物系统仿真技术和软件平台，基于数理机制和人工智能技术建立知识-数据协同驱动的生物系统仿真框架，有效降低仿真复杂度，实现对跨尺度大规模生物系统的长时间精确模拟。在细胞层面，需要开发数字孪生细胞模拟模型；在分子层面，需要开发生物大分子相互作用动力学过程的长时间、大尺度模拟方法。

构建知识-数据协同驱动的生物复杂规律的特征表示和应用，针对特定生命体系时空演化过程中的规律，利用数理模型和人工智能模型的优势对高维时空复杂规律进行降维；掌握人工智能模型的工作机制，将生物知识的良好表现形式融入设计生物元件和生物系统的人工智能模型中，最大限度地压减设计空间，提高设计的成功率。

瓶颈：很多基本问题缺乏比较系统的生物功能和知识的标准化定义，已有的机器学习模型难以适配并有效地自动提取文献中的生物知识。当前的自然语言处理技术仍然难以实现高精度知识图谱的提取，所提取知识图谱与已有生物知识系统匹配困难，提取知识的可靠性难以得到保障。

已有的图像和文本等领域的通用解释方法不一定适用于合成生物学中的问题。多数人工智能模型都较复杂，其内部运作机制不够清晰，对使用者而言是一个黑箱，很容易造成错误解释。

对生物系统的主观认识偏差与简单系统功能所运行的背景不同，可能导致仿真的结果与实际情况不符。构建细胞数字孪生涉及跨多个时间与空间尺度的相互作用，模型构建难度大。对于大分子相互作用动力学模拟，生物大分子之间互作动力学的粗粒化仿真流程多样。生物系统所涉及的元件增多可能导致数学和物理模型难以建模或难以求解等问题。构建细胞数字孪生能够实现复杂功能的数字孪生细胞模型缺失，且可视化仿真平台建设需要多学科配合。对于大分子相互作用动力学模拟，主要面临粗粒化路径标准化欠缺、蛋白互作模式分类繁多等问题。

部分生物知识过于复杂，难以从数据中总结其规律，或者难以用模型解释等方法进行形式化表示；时空演化体系中的维度分析理论欠缺；不同生命复杂体系的规律类型差异大。因此，如何针对不同的数据或规律类型进行标准化、自动化分类与处理是目前面临的挑战之一。深度学习模型是目前使用最广泛的人工智能技术之一，但其大多基于数据学习，理化知识和生物知识比较难嵌入模型并达到更好的设计效果。

近期：在合成生物学主要细分领域建立生物知识图谱和相关数据库，具有适配的模型和软件，能够自动化提取相关文献中的知识；常用机器学习模型都有解释方法，可以帮助人们理解模型的工作机制和模型所学习到的知识；初步建立知识-数据协同驱动的生物系统仿真框架，实现对生物系统功能的仿真；获得合成生物数据的有效特征表示，使用数据中蕴含的规律开展智能辅助设计。

至 2030 年：开发人工智能方法实现知识图谱的系统化、自动化、智能化构建，归纳和分类精度基本达到人工标注水平；基本实现机器学习模型的白箱化，能够自动化提取重要生物知识或规律；建立全细胞模块化仿真平台，以及系统化、标准化的生物大分子粗粒化仿真流程；开发更通用的生物复杂体系降维方法，发展针对性的可解释人工智能技术，有效使用生物知识库和数据中蕴含的规则进行智能辅助设计。

潜在解决方案

多学科交叉合作，例如，通过生物学家与计算机自然语言处理等专家深度合作，对生物功能和知识进行系统的标准化定义，再开发并优化相关机器学习模型，使之能适配相关生物知识提取的任务，并开发针对相关具体问题的软件，如在酶代谢路径的问题上获得文献中酶催化路径、对基因功能进行准确注释。

首先，基于传统生物学中的主要功能，对现存生命体中的功能模块进行梳理；其次，结合已有的合成生物学功能模块，增加、合并、拓展生命体中的功能模块。在这些结构化知识的约束下，基于人工智能技术开发更精确的文本清洗工具，严格控制样本质量，以提高模型的精度。优化人工智能模型，促进所提取知识与已有生物知识体系适配。

需要根据神经网络的特点和特定的生物学问题进行解释。例如，对于 DNA/RNA 序列相关模型的分析，研究者通常会分析模型学习到了哪种模体（motif）及其组合规律，因此需要开发解释算法提取模体组合规律，并匹配已有的模体数据库，如

JASPAR 等；对于工业酶或其他蛋白质的设计，则需要研究氨基酸序列中的关键位点、二级结构及相互作用的逻辑。

良好的知识提取基于优秀的模型，模型的预测性能弱，则所提取的知识可靠性低。因此，首先需要提高模型的性能；其次需要结合最新的模型机制研究成果，准确辨别模型所识别的模式，逐步提升模型识别模式提取的自动化。

基于生物知识体系构建生物系统的数理模型，使用数据构建人工智能模型组装形成知识-数据协同驱动的生物系统仿真框架，初步实现细胞功能的数字孪生。在引入基因调控网络时，为降低数理模型的构建难度，可以通过短时间的单分子层面模拟，提取关键的相互作用与不同过程的弛豫时间常数，对不同过程进行合理的粗粒化处理，降低计算量，在数字细胞中实现对多层次基因调控网络的引入和刻画。在仿真生物大分子相互作用时，选取秒级别的多种蛋白质相互作用模式特例 2～5 个，尝试实现粗粒化模拟，并与全原子模拟进行比对研究，总结粗粒化过程中的共同规律。对于部分数理模型模拟效果不理想但有实验数据的问题，可以训练深度学习模型，提升仿真精度和仿真速度。

促进机理模型与人工智能模型融合，提升仿真精度。从第一性原理出发，开发新的神经网络构架对分子的理化和动力学特性等进行模拟，充分考虑已有的知识和规律，使机理模型与深度学习模型高度融合。对于构建细胞数字孪生，在开发具有基因调控网络的数字孪生全细胞模拟模型基础上，丰富并完善数字细胞的各项功能，同时联合计算机视觉等相关团队，实现数字细胞的可视化交互计算，增强合成生物的虚拟辅助设计能力。对于大分子相互作用动力学模拟，需要对蛋白互作模式进行系统的整理与分类，并针对每种类型选取 5～10 种蛋白互作特例进行粗粒化处理，建立每类蛋白互作的粗粒化仿真流程标准，最终归纳总结已知蛋白互作类型是否存在统一系统的粗粒化仿真流程。

利用偏微分方程数值解析与离散模型计算机模拟，对细菌空间扩张、肿瘤演化等过程中的时空演化规律进行分类，定义新的序参量，并针对特定的规律类别，确定关键的相互作用及其与序参量之间的定量关系。还可使用人工智能模型对蕴含在高维数据中的时空复杂规律进行降维，使其在低维流形中能够得到理解，更好地应用于设计。此外，使用训练人工智能模型构建高维特征的表示也是重要的研究方法，在新的表征空间中，知识和规律能得到较好的表示，所期望设计的元件数据在新的表征空间中能够更容易区分出其性能的优劣，例如，大规模预训练模型（BERT）等在生物序列设计和功能预测方面得到了广泛应用。

融合现有的基于时间序列数据的降维流程，以及开发基于时空演化规律数据的降维流程，可以尝试将前者融入后者的体系中，或者针对二者分别开发有针对性的标准，实现数据的无缝对接。对于其中的一些降维过程，可以使用神经网络方法来实现。生物知识嵌入模型依赖于对模型的解释，且随着模型解释准确性的提高，能更准确地将生物知识以适合深度学习模型的方式进行嵌入。例如，在 DNA 调控序列功能的深度学习模型中，已经清楚卷积神经网络第一层的卷积核是在学习 DNA 序列的模体，因此，可以将 JASPAR 等数据库中的已知模体直接作为第一层的卷积核，从而能够取得更好的预测效果。

（3）人工智能驱动的干-湿闭环实验系统

现有技术：针对部分合成生物学问题已有干-湿闭环实验迭代系统实现了成功的设计，但其中的决策多依赖于经验，在其他应用场景下难以复用。自适应的实验设计能够更有效地利用有限的湿实验机会探索宏大的样本空间，以更少的迭代次数找到符合设计目标的样本。然而，目前基于机器学习的自适应实验设计方法仍然比较初步，主要提供辅助设计功能，仍然依赖人工判断，对自动化实验设计的帮助十分有限。因此，针对特定的设计问题的高水平自适应实验设计模型亟待研究和开发，才能使得干-湿闭环实验系统实现流水线作业，以更少的实验次数达到更好的筛选结果。

目标与突破点：人工智能驱动的"设计-构建-测试-学习"闭环开发流程，针对特定问题，基于生物知识和已有的实验数据开发能够主动学习的机器学习模型，自动化地进行实验设计和实验参数调优等，实现高水平的自适应实验设计和平台自动化流水线作业，降低平台的使用门槛。

瓶颈：很多合成生物学问题的解决依赖于经验，而不是基于已有数据集和知识库所训练的人工智能模型，后续效果依赖于首次的人工设计水平。在得到高通量实验数据以后，如何将新得到的实验数据与已有的数据集和知识库有机结合并训练人工智能模型，缺乏较为可行的方法和策略。人工智能模型的性能很多时候依赖于参数调整；若不对模型进行调参，在同一问题的不同数据集上应用可能会呈现出不同的性能，需要人工调整的模型不利于流水线形成。目前仍缺乏智能模型与湿实验进程模块的适配研究。

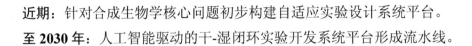

近期：针对合成生物学核心问题初步构建自适应实验设计系统平台。

至 2030 年：人工智能驱动的干-湿闭环实验开发系统平台形成流水线。

潜在解决方案

针对问题特点和已有的数据及知识等条件，训练人工智能模型来辅助设计初始样本。开发增量学习方法，能够利用新产生的实验数据对原有的人工智能设计模型进行优化和迭代，进而增大设计出有效样本的概率。一方面，针对特定问题开发能够主动学习的机器学习模型；另一方面，在机器学习模型中考虑更多的参数变化，进一步提高自适应实验设计水平。智能模型可以针对湿实验中的关键步骤进行优化，并根据实验结果反馈，统筹协调湿实验的各个进程模块，提高总体实验效率、安全性及可重复性。

2.2.5 小　结

合成生物学领域的人工智能技术发展还处于起步阶段。由于生物数据的独特性，相关的人工智能方法和理论研究仍然比较缺乏。已开发的方法和模型具有一定的局限性，对合成生命系统的预测仿真精度仍然有待提高。随着高通量技术的不断发展和海量数据的积累，人工智能技术已经显现出对合成生物学发展的巨大加速作用，在提高生物系统设计能力、复杂生物规律学习和表示、"干-湿闭环"自动化实验设计等方面取得了一定的突破，能够更有效地理解和驾驭高度复杂的生物规律，在合成生物学领域的研究工作和日常生产中实现降本增效，实现在医疗、农业和工业等领域的应用。

参 考 文 献

[1] Eslami M, Adler A, Caceres R S, et al. Artificial intelligence for synthetic biology. Communications of the ACM, 2022, 65(5): 88-97.

[2] Lopatkin A J, Collins J J. Predictive biology: Modelling, understanding and harnessing microbial complexity. Nature Reviews Microbiology, 2020, 18(9): 507-520.

[3] Jumper J, Evans R, Pritzel A, et al. Highly accurate protein structure prediction with AlphaFold. Nature,

2021, 596(7873): 583-589.

[4] Chen Y, Banerjee D, Mukhopadhyay A, et al. Systems and synthetic biology tools for advanced bioproduction hosts. Current Opinion in Biotechnology, 2020, 64: 101-109.

[5] Gallup O, Ming H, Ellis T. Ten future challenges for synthetic biology. Engineering Biology, 2021, 5(3): 51-59.

[6] Kitney R I, Bell J, Philp J. Build a sustainable vaccines industry with synthetic biology. Trends in Biotechnology, 2021, 39(9): 866-874.

[7] 赵晓宇, 张浩, 李雪飞, 等. 进化视角下的定量生物学规律与人工生命合成. 合成生物学, 2022, 3(1): 6-21.

[8] 张亭, 冷梦甜, 金帆, 等. 合成生物研究重大科技基础设施概述. 合成生物学, 2022, 3(1): 184-194.

扩展阅读

EBRC Engineering Biology: A Research Roadmap for the Next-Generation Bioeconomy. 2019.

ERASynBio. Next steps for European synthetic biology: a strategic vision from ERASynBio. 2014.

Synthetic Biology Leadership Council. Biodesign for the Bioeconomy: UK Synthetic Biology Strategic Plan 2016. 2016.

使 能 技 术 3

　　使能技术（enabling technology）是指可以获得广泛应用，提升现有技术水平并获得高效益的技术。本章将围绕以下方向展开研究：DNA 测序、合成与组装，基因编辑，蛋白质设计，基因线路，底盘细胞，无细胞体系，人工多细胞体系，类器官工程，非天然编码与合成生物体系，生物-非生物杂合体系，生物自动化铸造工厂，元器件资源与信息平台，并对这 12 个技术细分方向迭代发展进行面向 2030年的预判。

DNA 测序、合成与组装

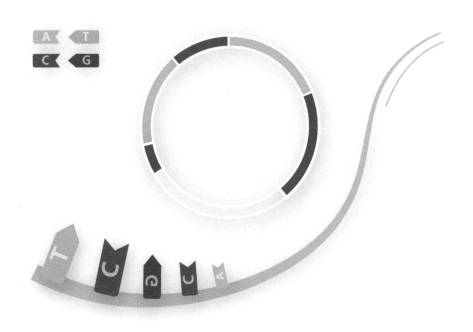

编写人员 戴俊彪 沈 玥 李炳志

3.1　DNA 测序、合成与组装

3.1.1　摘　　要

基因组脱氧核糖核酸（DNA）作为遗传信息的载体，其底层共性技术"读"（测序技术）和"写"（合成与组装技术）支撑合成生物学研究并推动下游产业转化。测序技术可实现生物资源的信息化数据解读，研究前沿注重解读精度的提升，从效率、通量、成本方面突破技术可及性，拓展生物大分子的检测种类。合成与组装技术通过对生命遗传信息的深入挖掘与功能改造，加深对生命现象的理解，促进生命大数据的下游转化，研究热点之一是 DNA 系统操控能力的提升，包括合成组装的长度、效率及准确性等。在此背景下，梳理 DNA 测序及合成组装技术前沿进展，研判未来发展方向与瓶颈并提出有效应对策略，以期通过发展底层技术支撑合成生物学研究与产业转化。

3.1.2　技 术 简 介

（1）DNA 测序

20 世纪 70 年代，吴瑞创建位置特异性引物延伸策略，经过桑格（Sanger）改良，于 1977 年发明双脱氧链终止法（被称为"桑格测序"），开创了基因组测序的历史。该方法的核心是通过掺入链终止核苷酸并结合凝胶电泳技术实现测序[1]。2005 年后出现大规模并行测序技术，基因组研究进入高通量时代，极大地促进了科学研究和技术应用。DNA 测序技术包括焦磷酸测序法、边合成边测序法、边合成边连接测序法等。测序读长通常为 100～400 bp，测序通量得到极大提升（最高 6 Tb/Run），测序准确率约为 99.7%[2]。2008 年后诞生的单分子测序，由于其具有实时测序、单分子分辨率及无需扩增等特点，可实现更长的测序读长（最长 4 Mb）及识别修饰碱基（如 5mC、6mA 等）的测序，但测序准确度仍未达到高通量测序技术的水平，准确率最高为 98%。目前主要有基于单分子荧光信号采集和基于纳米孔电信号检测这两条技术路线[3,4]。

（2）DNA 合成

DNA 的合成方法主要分为化学法和生物法。化学法相对成熟，其中亚磷酰胺三酯合成法是使用最为广泛的寡核苷酸化学合成法，包括脱保护、偶联、盖帽和氧化四步循环[5]。生物法合成 DNA 的技术突破也陆续出现，包括基于末端脱氧核苷酸转移酶（terminal deoxynucleotidyl transferase，TdT）、末端脱氧核苷酸转移酶与脱氧核糖核苷三磷酸交联体（deoxy-ribonucleoside triphosphate，TdT-dNTP），以及混合酶介导等技术方法，但总体仍处于原理验证阶段[6]。在仪器研制进展方面，自 20 世纪 90 年代起，基于经典化学合成法原理的 DNA 合成仪的研发与商业化逐步迭代升级，经历了从第一代柱式合成仪发展到第二代高通量芯片合成仪的两个关键性时期。近年来，基于生物酶法合成技术陆续出现了一系列技术与设备研制布局，但仍处于技术早期发展阶段。

（3）DNA 组装

DNA 组装是合成生物学研究（尤其是基因组人工设计构建）的关键性技术。DNA 组装技术依据组装片段的大小可依次分为寡核苷酸组装、DNA 小片段组装及 DNA 长片段组装。寡核苷酸片段可通过酶促组装或体内组装获得，目前普遍采用的方法包括连接酶链反应（LCR）和聚合酶循环组装法（PCA）。进一步，不同长度（10～100 kb）的 DNA 片段组装可通过多种组装技术（如 BioBrick、Bgl Brick、Golden Gate、SLIC、SLiCE、LCR、CPEC 和 Gibson 组装等）进行逐级构建。但目前体外组装所得的 DNA 片段数量不足以支撑后续实验需求，因此，100 kb 至 1 Mb DNA 超大片段的组装需要借助微生物体内的重组系统进行，例如，基于大肠杆菌的 RecA 和 Red/ET 重组系统、基于枯草芽孢杆菌的 BGM 组装系统、基于酿酒酵母同源重组的 TAR 酵母转化偶联重组技术，以及 DNA assembler 和 CasHRA 等组装技术等[7]。为了实现体外组装 DNA 片段的扩增，Masayuki 等开发了能够高保真体外扩增大片段 DNA（10 kb～1 Mb）的技术，在大片段扩增保真方面具有显著优势[8,9]。

为了提高基因合成通量并降低成本，整合了 DNA 合成和组装的微型化及自动化基因合成技术也取得了新进展。2011 年，研究人员开发了一种采用多功能芯片和组合酶技术的基因合成方法，将整个基因合成过程从寡核苷酸库合成、库扩增、纠错到基因组装等所有步骤整合到同一块芯片上，可大幅简化 DNA 组装流程。随着寡核苷酸合成技术的发展，基于对接式硅片反应器、酶法 DNA 拼接等方法也逐步实现了 DNA 自动化组装。尽管近几年该领域的技术发展较为迅速，DNA 组装仍然面临着超长片段的高效高保真构建、自动化集成等方面的难点与挑战。

3.1.3 路 线 图

当前水平

高通量测序样品最高密度 6 M/mm², 基于传感器阵列的测序方法片上测序位点数 4M, 双端读长 300 bp; 单分子测序读长 4 Mb, 准确率 98%, 单芯片最大单次运行通量 245 Gb; 空间转录组分辨率 100 μm, 捕获区域 6.5 mm×6.5 mm, 百微米 Binning 基因捕获数 1800 个。

目标 1: 高通量、低成本、长读长基因组数据读取

突破能力	近期进展	至 2030 年进展
提升信号采集单元的像素数, 开发基于新型发光底物与测序酶的新的生化体系	**单机通量 100 Tb/天, 100 元全基因组, 读长 5 Mb 级** • 采用半导体传感器实现现场视场与分辨率同步提升 • 建立新表面修饰工艺, 实现测序池复用 • 开发适配超长读测序的基因组片段提取与建库方法 • 开发高精度测序生化及配套算法	**单机通量 Pb 级/天, 10 元全基因组, 读长 10 Mb 级** • 开发新型荧光染料, 提升信噪比 • 开发基于生物发光的单通道测序技术 • 开发更高活性与更高稳定性测序酶, 提升原始信号质量 • 开发新型纳米孔蛋白, 提升原始信号质量

目标 2: 高时效性基因组数据读取与分析

突破能力	近期进展	至 2030 年进展
大阵列前端测序信号采样能力, 高吞吐数据实时分析能力	**Tb 级通量实时测序与数据分析** • 研制高密度、大阵列前端采样芯片 • 搭建高通量实时分析系统架构 • 开发分布式计算等高性能处理算法	**100 Tb 级通量实时测序与数据分析** • 定制测序专用高效数据处理芯片 • 探索新原理计算芯片技术及高效算法

目标 3: 高精度、多维度及多组学基因组数据获取

突破能力	近期进展	至 2030 年进展
提升单细胞分辨率下的基因捕获数与视场面积，实现核酸及蛋白质信息的同时读取	**纳米级空间分辨率、核酸及蛋白质信息同步检测** • 建立 500 nm 级空间分辨率的适配率测序技术 • 开发非 oligo dT 的捕获技术 • 提高单细胞基因捕获数量 • 开发多蛋白核酸联合检测技术	**高分辨、大视野多组学技术** • 研制>10 cm 级大视野芯片 • 开发适配性芯片生化体系 • 开发算法工具与配套装备 • 关键横式生物组织或组织时空图谱建设

图 1 DNA 测序路线图

当前水平

DNA 化学合成错误率为 1‰; DNA 生物合成长度为 60 nt; DNA 芯片合成通量为百万碱基，合成产量量为 fmol 级水平，单碱基合成成本低于 10^{-3} 元; 修饰类核酸合成效率 97%~98%; 体外 DNA 组装长度>100 kb。

目标 1: 长单链 DNA (300 nt 至>1000 nt 水平) 的高保真合成

突破能力	近期进展	至 2030 年进展
通过化学法与生物法合成与化学体系优化共同提升长度与保真度性能	**300~500 nt 长单链 DNA 的高保真从头合成** • 提升单循环特异性脱护; 降低合成循环环数 • 降低单循环错误率至<1‰ • 提升反应得率至>30%	**>1000 nt 长单链 DNA 的高保真从头合成** • 挖掘聚合酶与适配单体 • 提高化学反应效率至 99.95% • 产率大于 60%，错误率<1‰ • 探索新型寡核苷酸单元与适配混合酶体系

目标 2: 高产量、高通量、低成本 DNA 合成		
突破能力	近期进展	至 2030 年进展
通过合成原理创新与芯片研制，优化提升产量与通量，探索多应用的合成产物适配性	**pmol 级 DNA、百万级通量低成本合成** • 提升单位面积下芯片反应点密度 • 提升芯片空间反应面积，优化芯片物理结构 • 提升合成通量至百万级水平 • 通量百万级，成本 ≤10^{-5} 元/nt	**nmol 级 DNA、千万级通量低成本合成** • 开发芯片新材质与适配表面修饰工艺 • 提升反应比表面积，实现 nmol 级水平产量 • 高通量并行合成与高产量产物可控分离探索 • 通量千万级，成本 ≤10^{-8} 元/nt

目标 3: 修饰 DNA 及 RNA 的高效合成		
突破能力	近期进展	至 2030 年进展
开发新型修饰单体与合成路径，提升化学修饰核酸合成效率	**修饰类核酸高效合成** • 开发新型高效的亚磷酰胺保护基团 • 设计构建新型修饰单体 • 增强修饰核酸的稳定性 • 开发高效镜像核酸合成方法与配套扩增系统 • 优化新生化体系，修饰单体单循环合成效率 ≥98%	**光学纯手性化学修饰核酸分子的高效合成** • 从头设计修饰核酸分子的结构 • 开发新型高效合成方法 • 单循环合成效率 >95%；选择性 >98%

目标 4: 长片段至基因组水平的高效、高保真 DNA 组装		
突破能力	近期进展	至 2030 年进展
提升 DNA 序列预测设计能力，基于一步或连续延长策略可靠构建超长 DNA 片段	**≥100 kb 级长片段 DNA 可靠组装** • 引入用于序列构建的设计算法，提升长片段可靠构建成功率至 90% • 建立 ≥3 套原核真核模式生物的可靠组装操作系统 • 100 kb 级长片段 DNA 的设计构建周期 ≤2 周	**≥10 Mb 级长片段 DNA 可靠组装** • 计算机辅助的序列设计与适配性一步或连续延长构建策略 • 建立 ≥5 套原核真核模式生物以及非模式生物的可靠组装操作系统 • 10 Mb 级长片段 DNA 的设计构建周期 ≤1 个月 • 实现特定位点或区域的化学修饰（如甲基化）

图 2　DNA 合成组装路线图

3.1.4 技 术 路 径

（1）DNA 测序

现有技术： 近十几年来，随着高通量测序技术不断发展，针对不同用户需求和应用场景的商业产品线逐渐丰富与完善[10]。面对国别基因组类需求，最突出的参数指标是高通量和低成本。当前领先的仪器可实现每日单机交付超过 100 人的全基因组数据。为降低单位测序成本，样品密度需求逐步攀升，目前领先的产品技术可实现样品密度约 6 M/mm^2，且有超过 10 M/mm^2 的产品和技术正在规划中。对于临床用户，在满足一定数据量的前提下，缩短交付时间对于用户非常重要。基于 CMOS 传感器或者单分子测序的新测序技术在这一领域有较好的应用潜力。基于纳米孔的单分子测序技术通过解析核酸分子上碱基单元通过纳米孔蛋白时产生的连续电流信号实现测序，读长远超过高通量测序技术（平均可达 10 kb）、各孔持续捕获片段测序及多个测序单元的并行来实现可以媲美高通量测序的通量。纳米孔测序速度为每秒数百个碱基，通过多芯片系统并行运行，可在几个小时内完成个人全基因组测序，这对大量数据的并行吞吐和分析提出了很高的时效性要求。根据公开报道，当前业内最高通量的纳米孔测序仪如 ONT Prometh ION 在运行过程中最高可生成多达 10 Tb 的数据供后续分析。空间组学因其能在组织原位研究基因组、转录组、表观组等多组学特征，2020 年被 *Nature Methods* 杂志评为年度技术。当前主流的空间转录组产品，分辨率 100 μm，捕获区域 6.5 mm×6.5 mm，无法满足空间单细胞分析和大块组织切片的需求。目前已有公司推出 Stereo-seq 技术，分辨率 500 nm，捕获区域 10 mm×10 mm，在分辨率、捕获区域和基因捕获数等指标方面，较市面上同类产品都具有较大优势[11]。

为满足探索生命科学与医学等领域前沿科学问题的需要，测序技术的进一步发展将重点围绕基础性能（测序通量、成本与读长）、应用需求（便携性、时效性）和技术突破（测序精度、时空维度与多组学适配）等进行。

目标与突破点： 高通量、低成本、长读长基因组数据读取，突破高密度大阵列信号传感和采集单元、高效发光底物与测序酶的生化体系。高时效性基因组数据读取与分析，突破大阵列前端测序信号采样能力和高吞吐数据实时分析能力。高精度、多维度及多组学基因组数据的获取，提升了单细胞分辨率下的基因捕获数与视场面积，实现核酸及蛋白质信息的同时读取。

瓶颈：荧光信号收集装置的空间带宽积限制导致光学视场与分辨率互相制约，限制通量提升；当前测序流动池耗材成本高；5 Mb 级单分子测序往往受限于测序文库的制备工艺，基因组在提取与制备过程中极易受各种物理或化学作用而断裂；测序准确率偏低等是当前限制单分子测序大规模应用的最大桎梏。

目前主流的高通量测序技术均基于"非连续聚合测序法"来实现核苷酸序列的读取，在每一轮聚合反应中，同一个信号采集单元收集的不同核酸分子拷贝"碱基延伸"并非完全同步，信噪比随测序轮数的增加而逐渐下降；现有的基于荧光信号采集的高通量测序技术由于面临荧光分子猝灭和测序酶随光毒性增加而失活等因素，无法满足长读长的测序需求；测序酶活性、稳定性及上样效率是限制 10 Mb 级片段数据高效获取的主要因素；纳米孔蛋白是将序列信息转换为测序信号的关键元件，其性质决定测序准确率的上限。

由于兼顾高通量和低成本需求，需要极致提升单芯片的阵列密度和阵列规模，因而受到基于电流检测的纳米孔反应体系的尺寸限制。现有的数据分析流程及算法，无法满足 Tb 级数据的实时处理需求。现有的 CPU 和 GPU 等通用计算平台含有过多冗余设计，限制了其在碱基预测专用场景中的性能提升，完全无法满足 100 Tb 级通量的实时分析需求。

目前已建立的技术（如 DBiT-seq 技术、Visium 技术等）的空间分辨率为 20～100 μm，其分辨率低于单细胞尺度（<10 μm），且非捕获区面积占比 75%，故获得的转录组信息不连续；单细胞的基因捕获数仅几十个，远低于目前单细胞测序所获得的基因数（1000～5000 个），且无法同步获得核酸及蛋白质信息。受限于成本、硬件、操作复杂度等各方面的因素，现有技术所提供的芯片或类似捕获工具的检测面积均在毫米级尺度，且分析方法局限于二维平面，产生了一定程度上的数据失真。

近期：达到最高通量 100 Tb/天，测序成本 100 元/全基因组，读长达 5 Mb 级，达到 Tb 级通量实时测序与分析，实现纳米级别空间分辨率，核酸与蛋白质信息同步检测。

至 2030 年：最高通量达 Pb 级/天，测序成本 10 元/全基因组，读长达 10 Mb 级，可实现 100 Tb 级通量实时测序与分析，以及高分辨、大视野时空多组学技术。

潜在解决方案

采用半导体传感器进行信号采集，结合商业半导体传感器技术的发展，实现视场与分辨率的同步提升；设计特殊结构和表面特性，解决规则阵列开发在测序芯片上实现的工艺问题；优化基因组提取与修复，降低机械力及化学刺激，并将片段中原生或提取引入的 Abasic、Nick、Gap、Crosslink 等损伤位点进行高效修复，以提升片段完整性；开发 2D、UMI 或其他新型多拷贝生化方案及配套碱基识别算法，通过一致性序列构建手段提高测序准确率。

提升聚合反应效率，增加纳米簇或纳米球的拷贝数，开发具有高发光效率、抗漂白性、水溶性，以及与仪器光学部件参数适配的新型荧光染料；开发基于生物发光的单通道测序技术，建立测序方案，简化测序流程，优化测序反应试剂，实现快速准确的碱基测序；通过蛋白质工程手段，进一步提升测序酶活性与稳定性，以支持 10 Mb 级读长测序，同时开发基于磁珠、大/小分子添加剂或其他物理化学原理的上样方法，增加超长片段核酸分子的捕获效率；开发多聚体结构精准预测方法，利用结构与序列数据库挖掘具有更高解析力的纳米孔蛋白，并工程改造以优化其测序性能，产出高一致性、高解析度的测序信号。

探究纳米孔反应体系尺寸极限，极致提升前端采样电路阵列的密度和规模；从顶层架构设计出发，解决高并发数据流的获取和传输问题，同时开发分布式计算、异构计算等高性能分析处理算法，实现数据的实时碱基预测。

根据碱基预测算法的特点，定制测序专用数据处理芯片；同时，积极关注存内计算、光计算、量子计算等新兴技术，探索新原理计算芯片、系统和算法，碱基预测效率实现数量级的提升。

建立百纳米级别空间分辨率的适配性测序技术，形成亚细胞图谱工具，提升转录组信息获取性能。开发非 oligo dT 的捕获技术，避免因 RNA 分子 polyA 降解而导致捕获受限的问题；优化芯片单位面积的接枝探针数量与生化反应体系，降低芯片表面修饰空间位阻，提升界面反应效率，提高单细胞基因捕获数量；开发基于高通量测序的时空多蛋白检测技术，弥补领域空白。

研制>10 cm 级大视野芯片，并开发适配性芯片生化体系与配套测序、切片及芯片扫描装备；建立测序数据与结构特征的空间位置对应、不同分辨度的分析、与单细胞测序数据的整合及多组学联合分析的算法工具开发，以满足关键模式生物或组织器官的时空组图谱建设需求。

（2）DNA合成组装

现有技术： 合成技术与装备研制方面，目前化学法单步合成效率最高可达99.5%，长度可达200～250 nt，对应产率为29%～35%[12]，基于该法的低通量合成仪的合成错误率为1‰～3‰，成本为0.05～0.5元/nt；高通量芯片合成错误率则相对较高（5‰～12‰），虽然较传统低通量合成方法的成本降低了2～3个数量级，但对于大规模基因组合成、DNA存储等新兴领域发展而言，合成成本仍有待降低。目前生物法的平均单步合成效率可达97%，从头合成DNA长度60 nt，错误率较高（约＞10%）[13,14]。此外，多种高通量芯片合成技术路径（如光化学原理、电化学原理、喷墨打印原理、集成电路控制原理等）合成DNA产物的产量均局限于fmol级。此外，对合成技术的需求也从常规核酸合成制备拓展至修饰类核酸的制备，以满足核酸类药物、RNA疫苗等研发中对稳定性、靶向性的要求。在组装技术方面，利用体外酶促组装技术结合自动化操作等，可稳定实现5～10 kb的DNA片段组装，但成功率及效率随着组装片段的数量与长度增加而不稳定。100 kb至Mb级基因组的构建，目前主流方法仍是借助生物体内的重组系统进行，但受技术稳定性与流程复杂程度的影响，自动化程度较低，仍需大量的人工投入，周期难以保证，且预测设计能力还有待进一步提升。

随着生命科学与合成生物学的快速发展，对现有DNA合成组装技术的合成长度、保真度、合成通量、合成成本、合成产量、合成产物种类与稳定性等方面提出更高的要求。

目标与突破点： 长单链DNA（300 nt至＞1000 nt水平）的高保真合成，通过化学法与生物法合成生化体系优化共同提升长度与保真度性能。高产量（pmol级至nmol级水平）的高通量、低成本DNA合成，通过合成原理创新、关键原料与芯片研制优化提升合成产量与通量，并探索多样化应用的合成产物适配性。修饰类DNA及RNA的高效合成，开发新型修饰单体，并结合合成过程优化提升修饰类核酸合成效率，布局镜像DNA合成与配套扩增技术。长片段至基因组水平的高效、高保真DNA组装，提升DNA序列预测设计能力，基于一步或连续延长策略可靠构建超长DNA片段，在特定位点或区域引入化学修饰（如甲基化）。

瓶颈：现有化学法合成效率难以突破 99.5%，500 nt DNA 产物的理论得率不足 10%。当前化学合成循环中主要利用酸性条件进行保护基的脱除，会导致部分碱基脱除，造成错误率上升。工具酶催化效率低、特异性差；合成单体底物稳定性低；单步反应速度慢。现有非模板化合成酶种类少，技术路径较局限。当前主流高通量点阵式合成芯片通过在单位面积下缩小反应区域的方式提升芯片反应点密度，由于其微量的生化反应体系，DNA 合成产物的产量仅能达到 fmol 级水平，提升产量需通过 PCR 扩增，易引入及放大错误率，且不均一性易影响下游应用效果。DNA 合成过程中约 70%的化学原料试剂、芯片材质及仪器关键零部件均依赖于进口，成本不可控。

合成通量对应芯片反应位点数量，进一步提升芯片反应位点密度依赖更为复杂的半导体精加工技术，以及可实现针对高密度反应位点的超高打印精度喷头，加工工艺要求高，技术难度较大，成本进一步下降难度较大。现有点阵式芯片的合成产物以混合物状态存在，难以针对单个 DNA 产物进行独立操作，限制了下游应用的适配性。

目前已有修饰类单体种类局限，合成与药物运载过程中的稳定性低，容易降解，进一步影响合成效率与药物效果。修饰单体参与的反应合成效率比常规单体低，难以实现长片段合成，目前的合成长度为 20～30 nt。现有 DNA 合成方法无法进行光学纯手性核酸分子的合成。针对长片段的序列构建策略缺少计算机辅助工具的支持，对实验人员的经验依赖性高，组装效率及成功率受 DNA 片段序列的复杂程度（GC含量、二级结构、重复序列等）、数量、宿主细胞对外源 DNA 的兼容性和可拓展性影响较大，导致技术通用性低，成本与周期不可控。

染色体级别的超长片段构建，不仅受长片段 DNA 构建能力的影响，还依赖生物体内重组系统进行迭代式连续性构建，因此构建能力及成功率还会受组装操作系统的效率和种类数量限制，且无法实现化学修饰的高效定点引入。

近期：实现 300～500 nt 长单链 DNA 的高保真从头合成、pmol 级载量的 DNA高通量低成本合成、修饰类及镜像核酸的高效合成、≥100 kb 级长片段 DNA 的可靠组装。

至 2030 年：实现＞1000 nt 长单链 DNA 的高保真从头合成、nmol 级载量 DNA的高通量低成本合成、光学纯手性化学修饰核酸分子的高效合成、≥10 Mb 级长片段 DNA 的可靠组装，从而实现特定位点或区域的化学修饰（如甲基化）引入。

潜在解决方案

开发新型亚磷酰胺保护基团,提升单循环的特异性脱保护,降低错误率至<1‰,达到行业先进水平;建立双/多碱基单体合成法等新生化方法,降低合成循环数,提升反应得率至>30%。

挖掘新型末端转移酶,并通过蛋白质设计等手段提高其催化效率、催化特异性等;开发与末端脱氧核苷酸转移酶高效适配的新型可逆阻断合成单体,可逆阻断切除效率每分钟>99%,提高化学反应效率至99.95%,1000 nt长单链DNA产率大于60%,错误率<1‰。设计新型寡核苷酸单元(如<10 nt随机单链DNA库),筛选聚合酶、连接酶、重组酶等混合酶体系,并利用喷墨打印、声波移液、微流控等技术手段实现长单链DNA的高效合成。

优化芯片表面修饰工艺,提升单位面积下芯片反应位点密度,提升芯片空间反应面积,实现pmol级DNA产物的高效合成;优化芯片物理结构,采用掩膜、微纳加工工艺等建立多级结构芯片,提升合成通量至百万级水平。研制国产高质量试剂、耗材及高性能核心零部件,降低成本,从上游原料供应到整机设备,全链条自主研制,使成本指数级降低至10^{-5}元/nt。

参考一代柱式合成载体,开发芯片新材质与适配表面修饰工艺,提升反应比表面积,实现nmol级水平产量;引入合成产物与合成载体的绑定、识别与机械操控等措施,进行高通量并行合成与高产量产物可控分离的创新策略探索,结合功能模块的自动化集成等方式实现千万级通量,降低单碱基合成成本至10^{-8}元/nt,实现国产化高性能装备的自主研制。

开发新型、高效的亚磷酰胺保护基团,设计构建新型化学修饰单体,将修饰单体单循环合成效率提高到98%以上,降低合成错误率;开发新型化学修饰单体,进一步增强修饰核酸的稳定性,以实现>50 nt的修饰类核酸高效合成,提升靶向性。

从头设计修饰核酸分子的结构,并开发新型、高效的光学纯手性化学修饰核酸分子合成方法,实现单循环合成效率>95%、选择效率>98%。

优化酶促组装技术及常用原核与真核模式生物遗传操作系统,拓展可用的模式生物组装操作系统数量(≥3套),尝试部分或全流程自动化;在现有化学方法基础上,借助聚合酶、连接酶等工具进一步提高体外甲基化修饰引物从头合成的能力,同时，与长片段组装技术结合，将甲基化修饰长片段引入细胞内；积累相应技术效率的先研数据与知识库，引入计算机算法开发适配性长片段的序列设计与预测工具，实现组装策略的适配性输出，以提升 100 kb 长片段 DNA 的组装成功率（90%），缩短所需操作周期（≤2 周）。

充分利用基因组学解读数据库与先验知识，进一步拓展可用的模式生物组装操作系统数量，并开发有应用价值的非模式生物系统（≥5 套）与适配性基因组设计构建软件，布局基因组水平（≥10 Mb 级别）的设计构建能力与可预期周期（≤1个月）。

3.1.5 小　结

近年来，新一轮科技革命正在加速演进，基因组解读与编写能力的快速发展促进了生命科学的重大突破，推动人类在生命认知尺度、维度、深度以及操控应用能力等方面的研究不断深入，但在此过程中亦凸显出读写技术的局限对于领域未来发展的限制。测序方面不仅需要进一步推进成熟技术体系在多样化应用场景中的技术可及性与可负担性，还需要进一步拓展生命系统多层次、多维度的数据获取与解析能力。对于合成组装，一方面需要大幅提升已通过原理验证性技术的稳定性及通量成本方面的指标，另一方面需要结合人工智能和生物信息学的发展，快速布局多种具有科研与产业应用价值的人工生物系统的设计构建能力和配套自动化软硬件设施的开发，实现高效构建的准确性、可调性、工程化和经济化。通过基因组读写能力的融合发展，可快速推进基因组学技术领域实现更大的突破。

参 考 文 献

[1] Sanger F, Nickelsn S, Coulson A R. DNA sequencing with chain-terminating inhibitors. Proceedings of the National Academy of Sciences of the United States of America, 1977, 74(12): 5463-5467.

[2] Foox J, Tighe S W, Nicolet C M, et al. Performance assessment of DNA sequencing platforms in the ABRF Next-Generation Sequencing Study. Nature Biotechnology, 2021, 39(9): 1129-1140.

[3] Karst S M, Ziels R M, Kirkegaard R H, et al. High-accuracy long-read amplicon sequences using unique molecular identifiers with Nanopore or PacBio sequencing. Nature Methods, 2021, 18(2): 165-169.

[4] De Coster W, Weissensteiner M H, Sedlazeck F J. Towards population-scale long-read sequencing.

Nature Reviews Genetics, 2021, 2(9): 572-587.

[5] Beaucage S L, Caruthers M H. Deoxynucleoside phosphoramidites-a new class of key intermediates for deoxypolynucleotide synthesis. Tetrahedron Letters, 1981, 22(20): 1859-1862.

[6] Eisenstein M. Enzymatic DNA synthesis enters new phase. Nature Biotechnology, 2020, 38(10): 1113-1115.

[7] Ellis T, Adie T, Baldwin G S. DNA assembly for synthetic biology: from parts to pathways and beyond. Integrative Biology, 2011, 3(2): 109-118.

[8] Su'etsugu M, Takada H, Katayama T, et al. Exponential propagation of large circular DNA by reconstitution of a chromosome-replication cycle. Nucleic Acids Research, 2017, 45(20): 11525-11534.

[9] Mukai T, Yoneji T, Yamada K, et al. Overcoming the challenges of megabase-sized plasmid construction in *Escherichia coli*. ACS Synthetic Biology, 2020, 9(6): 1315-1327.

[10] Goodwin S, Mcpherson J D, Mccombie W R. Coming of age: Ten years of next-generation sequencing technologies. Nature Reviews, 2016, 17(5): 333-351.

[11] Chen A, Liao S, Cheng M, et al. Spatiotemporal transcriptomic atlas of mouse organogenesis using DNA nanoball-patterned arrays. Cell, 2022, 185(10): 1777-1792.

[12] Caruthers M H. The chemical synthesis of DNA/RNA: Our gift to science. Journal of Biological Chemistry, 2013, 288(2): 1420-1427.

[13] Palluk S, Arlow D H, De Rond T, et al. De novo DNA synthesis using polymerase-nucleotide conjugates. Nature Biotechnology, 2018, 36(7): 645-650.

[14] Lu X, Li J, Li C, et al. Enzymatic DNA synthesis by engineering terminal deoxynucleotidyl transferase. ACS Catalysis, 2022, 12(5): 2988-2997.

基 因 编 辑

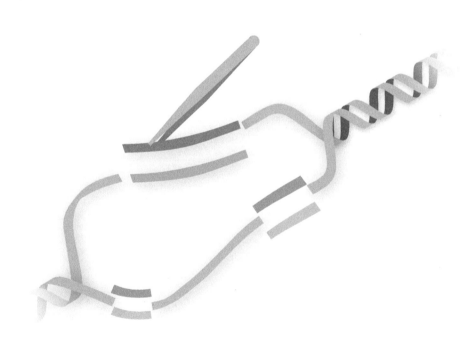

编写人员　向　华　高彩霞　魏文胜　王皓毅　杨　辉

3.2 基因编辑

3.2.1 摘　　要

基因编辑技术通过对目标基因进行特异性删除、替换、插入或调控，改写遗传信息，从而获得新的功能或表型。基因编辑是合成生物学的重要使能技术，在基因元件、线路、系统及网络优化重构等方面具有重要作用。目前，基因编辑技术主要有锌指核酸酶（ZFN）技术、转录激活因子样效应物核酸酶（TALEN）技术及CRISPR-Cas 技术三代底层核心技术，以及基于 CRISPR-Cas 系统开发的单碱基编辑（base editing，BE）和引导编辑（prime editing，PE）两大关键核心技术。创新新一代基因编辑技术将进一步提高其特异性、有效性和安全性；实现大片段写入；建立新概念基因编辑体系；实现高效递送等，最终实现对任意物种中任意基因、片段或碱基的精确编辑，为生命科学研究和相关产业发展提供重要使能技术。

3.2.2 技 术 简 介

目前 CRISPR-Cas 基因编辑技术、基于 CRISPR-Cas 开发的单碱基编辑技术、引导编辑技术，已占据基因编辑技术的主导地位。

（1）CRISPR-Cas 基因编辑技术

CRISPR-Cas 系统是来源于细菌或古菌的适应性免疫系统，可靶向切割外源入侵的 DNA 或 RNA 病毒。自 1987 年 CRISPR 系统首次被发现，2007 年揭示其对外源噬菌体 DNA 的靶向切割性能，到 2012 年开发成为颠覆性基因组编辑工具，其间经历了漫长的科学探索[1]。2013 年，CRISPR-Cas9 系统在一系列真核细胞中实现了基因编辑，从而催生了颠覆性的基因组编辑技术[2,3]。2020 年，Emmanuelle Charpentier 与 Jennifer A. Doudna 发现 CRISPR-Cas9 系统可靶向切割 DNA 并阐明其机制，为 CRISPR-Cas9 基因编辑技术建立做出奠基性贡献，因而被授予 2020 年诺贝尔化学奖。近至 2030 年来，CRISPR-Cas 技术被不断优化，同时更多的 CRISPR-Cas 核酸酶如 Cas12a（Cpf1）、Cas12b、Cas12i、Cas12f、Cas12j 等也相继被发现可以用于基

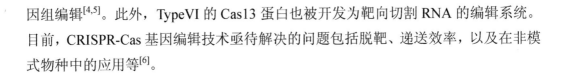

因组编辑[4,5]。此外，TypeVI 的 Cas13 蛋白也被开发为靶向切割 RNA 的编辑系统。目前，CRISPR-Cas 基因编辑技术亟待解决的问题包括脱靶、递送效率，以及在非模式物种中的应用等[6]。

（2）碱基编辑技术

基于 DNA 双链断裂的 CRISPR-Cas 编辑技术在医学应用领域存在潜在风险，且其同源重组修复介导的基因精准编辑在植物中效率低下，因而美国 David R. Liu 团队接连开发了胞嘧啶碱基编辑器（cytosine base editor，CBE）和腺嘌呤碱基编辑器（adenine base editor，ABE），通过不依赖 DNA 双链断裂的碱基编辑技术实现了部分碱基类型的精准编辑（即碱基编辑）[7,8]。其中，CBE 由 sgRNA 和融合蛋白两部分组成，其融合蛋白一般由改造的 Cas9 蛋白（dCas9 或 nCas9）、胞嘧啶脱氨酶和尿嘧啶糖基化酶抑制子构成。sgRNA 通过与靶位点互补配对，引导融合蛋白结合到靶位点，其中的胞嘧啶脱氨酶能够使非靶标链中相应的胞嘧啶 C 经脱氨基作用转变为尿嘧啶 U，经 DNA 复制，进一步使得 U 被胸腺嘧啶 T 代替，而尿嘧啶糖基化酶抑制子则能够抑制 U 的切除，最终实现 C 到 T 的精确编辑。类似地，ABE 可实现 A 到 G 的转换。近期，中外学者还基于 CBE 建立了新型糖苷酶碱基编辑器（glycosylase base editor，GBE），可在哺乳动物细胞中实现 C 到 G 碱基的特异性替换；类似地，基于 ABE 和催化肌苷切除的糖苷酶已可实现 A 到 Y（Y=C 或 T）的腺嘌呤颠换编辑。目前，碱基编辑系统在编辑类型、编辑窗口精准性，以及在不同物种中的有效性方面还需要进一步完善[9,10]。

（3）引导编辑技术

2019 年，David R. Liu 团队融合了人工核酸酶与逆转录酶，成功构建了引导编辑器，开发了可在哺乳动物细胞中实现 12 种类型碱基置换、多碱基变换以及小片段插入或删除的引导编辑系统[11]。该系统由融合了逆转录酶的 nCas9（H840A）和引导编辑向导 RNA（prime editing guide RNA，pegRNA）组成。其中，pegRNA 与常规的 sgRNA 相比，其 3'端延伸出一段序列，该序列包含 PBS（primer binding site）序列和逆转录模板序列。引导编辑系统通过 nCas9（H840A）在靶位点处的非靶标链上产生缺刻释放出游离单链，PBS 可结合游离单链，逆转录酶依照给定的模板逆转录出单链 DNA 序列，再经过细胞的修复，可以在基因组中实现位于 PAM（protospacer adjacent motif）序列−3 位下游的 DNA 序列的任意变化。目前，引导编辑技术已得到较为广泛的应用，但仍存在体积偏大、递送困难、不能进行大片段 DNA 写入、在部分物种中效率不高等不足[12,13]。

（4）转座写入技术

除上述主要基因或碱基编辑技术策略外，自 2019 年以来，基于 CRISPR 相关转座子（CRISPR-associated transposon，CAST）的基因写入技术也有较快发展。CAST 可通过转座酶将目的片段靶向整合到基因组的特定位点，不会产生双链断裂，也无需借助 HDR 或 NHEJ 等基因组修复机制，是一种有望用于 DNA 大片段写入的重要技术。CAST 早期只能应用于原核生物基因写入，最近通过系统性优化其 DNA 靶向活性和提高整合效率，已实现在人类细胞中无双链断裂的 DNA 定向整合，但功能和效率仍有待提高[14]。

3.2.3 路 线 图

当前水平

已相继建立基于蛋白质可编程单元靶向特异 DNA 序列的锌指核酸酶技术、转录激活因子样效应物核酸酶技术、CRISPR-Cas 技术等三代基因编辑底层核心技术，以及基于 CRISPR-Cas 技术进一步开发的单碱基编辑和引导基编辑两大关键核心技术。CRISPR-Cas 技术及其衍生技术因简单高效、已成为基因编辑的主流技术，但依然存在特异性、精准性、安全性等问题，需进一步提升体内递送效率以及在某些物种中的基因编辑效率。

目标 1：进一步提升现有基因编辑技术的精准性、特异性、安全性和体内高效递送能力

突破能力	近期进展	至 2030 年进展
对现有 CRISPR-Cas 系统、碱基编辑系统、引导编辑系统等进行变革性优化，解决当前脱靶、递送、编辑效率和应用范围局限等问题	• 在模式生物中实现任意基因和任何特定单碱基对编辑（>90%） • 在模式生物中实现任意基因的高效编辑 • 在模式生物中同时实现多位点编辑或调控，或同时实现基因编辑和基因调控 • 建立基于新概念或新策略的基因编辑递送系统 • 在模式生物中使用优化的编辑器且没有可检测的脱靶效应	• 在重要非模式生物（包括动物、植物、菌菇、工业或环境微生物，下同）中实现任意基因和任何特定单碱基编辑 • 在重要非模式生物中实现任意基因的高效编辑（>60%） • 在特定组织中提高高递送系统的特异性，实现体内特定细胞高效基因编辑或调控（>90%） • 在重要模式或非模式生物或组织细胞中实现定量、特异的复合编辑

目标 2: 建立基于新概念或新系统的基因编辑与大片段写入技术和 RNA 编辑技术

突破能力	近期进展	至 2030 年进展
基于生物大数据和理性设计，发现非 CRISPR-Cas 的新概念基因编辑元件，完成机制解析，揭示其可编程靶向机制；建立新概念基因编辑技术、DNA 大片段写入技术和 RNA 编辑技术等，并实现在动物、植物和微生物细胞中的高效基因编辑	• 开发原创性新型基因编辑元件，包括核酸靶向元件、核酸修饰加工元件等 • 解析新型核酸修饰加工元件结构与功能机制，揭示其可编程性原理，建立基因编辑新原理和新机制 • 组合可编程新型核酸靶向元件和加工元件，建立非 CRISPR-Cas 的新概念基因编辑技术 • 实现至少一种新概念基因编辑技术在模式动物、植物和微生物细胞中的基因编辑 • 一种新概念的真核基因组 DNA 中小片段 DNA（>5kb）的精准写入技术 • 在重要模式生物或实验动物中能够实现转录组中任意位点和任何特定碱基的编辑，且没有可检测的旁切编辑效应和脱靶效应	• 新概念基因编辑系统优化，在大小方面呈现出超越现有 CRISPR-Cas 系统的优势 • 在基因编辑元件和基因编辑理论上取得突破，如建立不依赖蛋白质的 DNA 或 RNA 编辑技术 • 优化新概念基因编辑底层技术的有效性和特异性，建立系列衍生编心技术，如碱基编辑技术 • 实现新概念基因编辑底层技术及衍生技术在重要模式或非模式 CRISPR-Cas9 生物和微生物中的基因编辑，达到或接近 CRISPR-Cas9 的编辑效率 • 在真核生物细胞中实现 DNA 大片段（>10kb）的高效和精准写入技术 • 实现在非人灵长类模式动物中特定组织细胞内转录本和单碱基的编辑，且没有可检测的脱靶效应，初步实现 RNA 编辑疗法的临床应用

图 1 基因编辑技术路线图

3.2.4 技 术 路 径

现有技术：CRISPR-Cas 基因编辑技术因其设计操作简便、拓展性强，已成为基因编辑的主流工具，但该技术依然存在脱靶、编辑位点受 PAM 局限等问题。目前已有一些方案可以降低 CRISPR-Cas 脱靶性并拓展其 PAM 范围，如对 Cas9 进行理性设计或通过高通量筛选获得一些高保真 Cas9 变体（如 HiFiCas9），但蛋白质突变体在靶位点的切割活性通常也有明显降低。目前通过理性设计已得到 PAM 序列宽泛的 SpCas9 变体，其中 SpRY 可以有效识别 NRN（R=A/G），基本实现了对基因组的全覆盖编辑。鉴于 Cas9 固有的一些不足，如何有效组合多样性的 CRISPR-Cas 技术，实现更多类型基因或碱基编辑器在更多模式细胞基因组任意位点的精准编辑或调控，还需要进一步优化、集成和验证[13,15]。

当前的各种工具可用于 DNA 序列编辑，以及基于非编辑的基因组工程，包括基因调控和染色质工程。基于 TALEN 和 CRISPR-Cas 的基因组编辑技术可以在基因组特定位置引入切口或双链断裂，使用自然修复途径修复时，可对该断裂位点进行编辑。由于宿主和组织细胞的不同，编辑效率从 2%到 90%不等；一些高保真的核酸酶还会进一步降低编辑效率；而对于某些特定的生物类群，现有的 CRISPR-Cas 系统效率很低，甚至还不能进行有效的编辑。

基因编辑技术除了永久性地改变基因序列外，还包括实现持久的基因抑制和激活。通过位点特异性 DNA 结合蛋白（锌指蛋白、转录激活因子样效应物和 Cas 蛋白）与基因调节结构域融合，可进行所需基因的激活或抑制，目前多达 6 个不同基因可同时被调节，在动物细胞中抑制或激活的幅度范围可达数百倍。以内源性 I 型 CRISPR-Cas 系统为基础构建基因编辑和调控系统，发现通过调整 crRNA 的长度，可以在原核生物中同时实现不同基因的编辑和调控。

基因编辑工具递送是实现其生物活体内基因编辑的关键，目前 CRISPR-Cas 基因编辑工具有三种主要的传递策略，包括基于质粒的递送、基于 Cas mRNA 和 sgRNA 的递送，以及基于 Cas 蛋白和 sgRNA 的直接传递。主要递送载体包括腺相关病毒（AAV）、细胞外泌体、病毒样颗粒等，以及脂质纳米颗粒。AAV 具有免疫原性低、感染效率高和无致病性等特点，但其最大包装长度只有 4.7 kb，因此无法将 SpCas9 基因及其表达控制元件（已达 4.7 kb）和 sgRNA 构建到同一 AAV 载体中。O 型血来源的外泌体具有较低的免疫源性，可通过电穿孔方法将 Cas9 和 sgRNA 导入纯化的外泌体中，但相关外泌体规模化制备工艺及应用尚待完善。另外，近年来病毒样颗粒作为潜在的基因药物递送载体也备受关注，由于病毒样颗粒缺乏病毒的遗传物质，它们可能比其他使用病毒的递送方法更安全。2023 年 3 月，张峰团队通过对细菌胞外收缩注射系统（extracellular contractile injection system，eCIS）的理性设计与改造，实现了 Cas9 蛋白与碱基编辑蛋白对真核细胞的靶向递送，拓展了基因编辑工具的递送策略[16]。尽管 CRISPR 系统能够通过不同的策略被递送到细胞中，但其持续表达可能带来由于脱靶导致的毒副作用，因此控制基因编辑器在体内的剂量和编辑时间也非常重要。

目前建立的 CRISPR 基因编辑技术，及其衍生的碱基编辑和引导编辑技术都无法高效率实现较大基因片段在真核生物细胞基因组中的定点写入或精确替换，基于 CAST 的写入技术还需要进一步提升功能和效率。细菌和古菌在与其可移动遗传因子（如转座子、质粒、病毒或噬菌体）长期互作过程中形成了功能多样的防御系统，由于该防御系统独特的核酸识别、加工和异己区分机制等，其已成为基因组编辑技术创新发展的重要源泉；同时，基于真核生物调控蛋白、转座子等的研究也将为新的基因组编辑技术创新提供新的可能。此外，RNA 编辑仍需要新原理、新系统的技术突破。

目标与突破点：提升现有基因编辑技术的精准性、特异性、安全性和体内递送能力；实现在生物体内任意基因的高效编辑；在基因组实现多基因、长时间的特异性调控；能够有效且特异性地将基因编辑工具递送到特定组织和特定群落中的靶细胞，并可控制其剂量和编辑时间。

建立基于新概念或新系统的基因编辑技术、大片段写入技术和 RNA 编辑技术；建立基于新概念、新原理或新系统的基因编辑底层技术；建立基于新概念、新原理或新系统的真核基因组大片段写入技术；实现任意转录本或 RNA 碱基的精准高效编辑。

瓶颈：当前基因（碱基）编辑技术的性能及其生物学基础还有许多不清楚的地方，对 PAM 序列特异性、DNA 脱靶机制和在靶活性的理解还不够系统、深入，尚未形成系统性解决方案；在模式生物中建立的基因编辑及其衍生技术，在许多重要的非模式生物中还不能使用或使用效率低下；对 DNA 靶向识别与切割、DNA 超螺旋的影响，以及双链 DNA 断裂修复途径和修复机制等的理解还不够深入；在非模式细胞中操纵 DNA 双链断裂修复的能力还有待提高；对转录调控、表观遗传机制和交叉调控相互作用的定量理解不足。由于存在许多重复序列，在阵列内共表达多个 crRNA 或 sgRNA 可以触发遗传不稳定性，多基因持久性调控存在困难。在全基因组、单细胞分辨率下，检测基因编辑和调控水平的方法学存在不足。目前的 CRISPR-Cas9、碱基编辑器、引导编辑器体积较大，难以通过 AAV 等常规递送系统进行高效递送。目前的递送方式，其细胞类型特异性较低，体内编辑效率低下。

如何高效发现具有基因编辑开发潜力的新型核酸靶向元件和编辑加工元件，是制约新概念、新原理或新系统的基因编辑底层技术创新的技术瓶颈。潜在编辑元件的工作机制及可编程性仍不清楚，是制约其系统优化和功能提升的瓶颈。天然具有较大基因片段整合和编辑能力的系统种类众多，如转座子、重组酶等，在不同物种基因组中分布广泛，但相关基础研究薄弱且严重缺乏相关技术开发工作。基因大片段高效写入元件的源头发现和优化设计能力不足，相关领域基础研究的广度、深度和跨学科交叉促进不足。目前，对 Cas13 本身具有的非靶向 RNA 切割活性（旁切活性）的分子机理还不清楚；利用 dCas13-ADAR 蛋白进行体内 RNA 碱基编辑的效率和精准性还有待提高；利用内源 ADAR 脱氨酶进行 RNA 碱基编辑的效率还有待提高，且具有只能进行 A 到 I 碱基编辑的限制；RNA 碱基编辑器可编辑模体（如 GAmotif）的类型仍有待拓宽。在灵长类等高等动物中进行 RNA 编辑的有效性需要进一步评估与提高，安全性需要严格保证。

近期：实现在模式生物中能够对基因组中任意位点、任意基因或任何特定单碱基对编辑，且无可检测的脱靶性；揭示影响基因编辑效率的机制，显著提升在重要模式生物全基因组中的编辑效率（超过 90%）；实现持久的基因抑制和激活，并特异调节生物体中基因的表达；改进现有基因编辑器或递送系统，更好地适应胞内递送；初步建立基于新概念、新原理或新系统的基因编辑底层技术，以及基于新概念、新原理或新系统的真核基因组大片段替换和写入底层技术，在重要模式生物或实验动物中能够实现转录组中任意位点和任何特定碱基的编辑，且没有可检测的旁切编辑效应和脱靶效应。

至 2030 年：实现在重要非模式生物（包括动物、植物、菌菇、工业及环境微生物）中任意基因和任何特定单碱基对的编辑，且无可检测的脱靶性；在非模式生物或非模式细胞中，能够实现高效（>60%）基因编辑；多基因长时间控制组织范围和生物体范围内的表达水平；增强递送方式的特异性，在特定组织中高效且特异地进行编辑；实现基于新概念、新原理的基因编辑系统的优化，在特定方面呈现出超越现有 CRISPR-Cas 基因编辑技术的优势；在真核生物细胞中实现 DNA 大片段（>10 kb）的高效和精准写入；实现在非人灵长类模式动物中特定组织细胞内转录本和单碱基的编辑，且没有可检测的脱靶效应，并初步实现 RNA 编辑疗法的临床应用。

潜在解决方案

筛选获得或设计改进脱氨酶，使其能够催化所有可能的核苷酸转换；改进引导编辑工具，提高其碱基编辑效率；设计工程化核酸酶和重组酶，通过控制双链断裂的修复实现所有可能的碱基编辑。改进基因编辑器，提高中靶率，降低脱靶效应；针对宿主 DNA 修复途径优化基因编辑器或编辑策略，实现最小的脱靶效应；建立一套能够特异靶向基因组绝大多数位点的高保真基因编辑器，拓展编辑位点覆盖度。

利用原核微生物的内源性 CRISPR-Cas 系统，建立适应其自身的基因编辑工具，实现对种类众多的微生物的基因组编辑和基因调控；持续改进重要非模式经济植物、动物、工农医及环境微生物、大型真菌等的基因编辑工具和递送载体；持续优化用于人类和动物基因治疗的编辑工具，在保证无可检测脱靶的同时还需克服可能出现的免疫反应。

将表观遗传效应蛋白与 Cas9 融合，揭示染色质高阶结构对基因编辑的影响；定量和预测性理解染色质结构、DNA 靶向切割和修复耦合对基因编辑效率的影响；操控和定量测试染色质结构调节及 DNA 修复效率调节对提高不同基因编辑器效率的影响；操控和定量测试基因编辑器不同组合方式、递送方式、表达方式等对基因编辑效率的影响；综合利用上述影响基因编辑效率的因素，实现重要模式生物类群中基因编辑效率的显著提升。

采用在模式生物中插入和缺失效率最高的编辑器；建立具有显著高效率的 DNA 断裂修复途径的诱导控制体系；改善 DNA 修复模板在模式和非模式生物体中的核靶向递送；递送基因编辑器的同时，提供逆转录 RNA 模板与 sgRNA 偶联，提高修复模板在基因编辑位点的浓度；开发更加高效的递送工具；开发针对特定组织细胞的特异性递送系统，实现体内特定组织细胞的基因编辑。

设计融合不同效应子的基因组编辑器并进行定量表征，以获得更有效的 CRISPRa（激活）和 CRISPRi（抑制）系统；改变 RNP 结合位点的位置、结合强度及互作机制等，并进行基因调控效应的系统性分析；设计能够可靠地产生所需表观遗传性状的转录因子；在所需生物有机体中，通过组织特异性启动子表达 CRISPR 组分，或通过组织特异性蛋白质融合结构域有效激活或抑制基因。

可以设计高度非重复的 CRISPR 工具箱，从而设计多个稳定的 sgRNA 阵列；通过不同 sgRNA 结构调节基因的效率不同，设计并实现定量调控网络；优化单细胞基因编辑、表观遗传修饰（组蛋白、lncRNA、核小体等修饰）、蛋白质水平和代谢物水平测定技术，测定多基因编辑或调控效率；能够有效且特异性地将基因编辑工具递送到特定组织和特定群落中的靶细胞，并可控制其剂量和编辑时间。

改进已有的高保真基因编辑器，在保持其特异性的同时，降低其大小；基于新的紧凑型 CRISPR-Cas 系统，研发适合 AAV 等包装递送的更小的编辑器；研发非病毒包装递送系统，可以直接在体内递送并保持基因编辑效应复合物（如 RNP 的）活性；研发安全有效的大容量病毒载体（达到或大于 10 kb 能力）递送系统，同时递送编辑器 DNA、sgRNA 和供体 DNA 分子；进一步优化基于内源编辑酶的 RNA 编辑技术，提高编辑效率和编辑范围。由于无需引入外源编辑酶或效应蛋白，避免了由此引起的递送以及相关的免疫原性等问题。

大规模开发和优化病毒递送系统的趋向性/特异性；通过细胞类型特异性设计受体相互作用或其他形式，提高其特异性；具有长半衰期和低免疫原性（可能需要每种感兴趣的生物，包括植物病毒和动物病毒）的病毒传递技术；开发潜在脱靶位点的可靠分析方法，或依赖于细胞类型、小分子调节等的调节编辑器活性，增强特异性，降低或消除脱靶效应。

利用基因组大数据库对新型核酸免疫系统、转座子、重复序列及其他新系统等进行深度挖掘，解析核酸序列靶向识别新原理，开发原创性新型基因编辑元件，包括核酸靶向元件、核酸修饰加工元件等。解析新型核酸修饰加工元件结构与功能机制，揭示其可编程性原理，建立基于基因编辑新原理和新机制；组合可编程新型核酸靶向元件和加工元件，建立新概念、新原理或新系统的基因编辑技术，包括但不限于：新一代蛋白直接引导的基因编辑技术；只有核酸成分的新一代基因编辑技术；全新的、不受专利限制的新型 CRISPR 基因编辑系统；具有自主知识产权的基因编辑底层技术；实现至少一种新概念基因编辑技术在模式动物、植物和微生物细胞中的基因编辑。

综合基因组大数据人工智能分析等，筛选获得在大小方面呈现出超越现有 CRISPR-Cas 系统优势的新概念基因编辑元件；在基因编辑元件和基因编辑理论上取得新的突破，如通过改造天然的 RNA 核酸分子或从头合成等手段，开发不依赖于蛋白质、可靠向切割 DNA 和 RNA 的核酶，开发基于 RNA 的新型基因编辑技术；基于新概念基因编辑底层技术，利用人工智能深度学习和理性设计，优化其有效性和特异性，建立系列衍生核心技术，如单碱基编辑、表观编辑及 RNA 编辑等拓展性编辑技术；实现新概念基因编辑底层技术及其衍生技术在重要模式或非模式动物、植物和微生物中的基因编辑，达到或接近 CRISPR-Cas9 的编辑效率。

针对不同类型的可移动遗传元件，如重组酶、转座酶、整合酶等，进一步夯实基础研究，解析其核心分子机制，对其进行功能改造和测试，以确定不同类型元件在基因替换或写入应用中可实现的功能；对于基因组数据库，开展深入的可移动遗传元件注释、进化分析和功能预测，并针对不同类型元件的功能特点建立高通量功能筛选与评价平台，筛选获得具有基因改造能力的新型功能元件；通过解析移动元件介导大片段基因整合的分子机制，设计修改方案，将现有基因编辑技术与基因整合元件进行组合，初步获得真核生物基因组 DNA 中小片段（>5 kb）的替换和写入底层技术。

对于不断增加的新型基因组学数据（如宏基因组数据）进行深入注释和挖掘，持续发现新型可移动遗传元件，利用深度学习等人工智能算法和高通量功能评价，揭示其功能和机制，为全新基因写入底层技术提供核心元件；基于大量蛋白结构的解析和预测，利用人工智能深度学习和理性设计，对新挖掘的移动元件蛋白及重要功能结构域进行全新设计和改造，针对特定技术指标，如整合片段大小、保真度、特异性等进行设计优化，建立具有优良性能的源头创新基因写入底层技术；基于对自然界存在的基因整合功能元件的机制理解和模式总结，建立源头设计全新蛋白的技术能力，产生自然界进化中从未出现的蛋白质结构和作用机制，建立源头创新的大片段（>10 kb）写入技术。

对 Cas13 蛋白的各功能结构域进行高通量突变筛选，并结合 Cas13 蛋白的晶体结构模型，确定旁切活性关键氨基酸位点；对现有 RNA 碱基编辑器中不同元件进行优化和组合，提高 RNA 碱基编辑效率；对 ADAR 脱氨酶或其他元件进行优化，降低 RNA 碱基编辑器在靶位点附近的脱靶及转录组水平的脱靶；对与内源 ADAR 酶结合的向导 RNA 进行化学修饰的优化，提高内源 RNA 碱基编辑的效率；通过生物信息学发掘新的 ADAR 蛋白，或对现有的 ADAR 蛋白进行优化，拓宽 RNA 碱基编辑器的可编辑模体类型。

持续追踪最新的微生物宏基因组数据库，筛选更小尺寸的新型 RNA 编辑蛋白，通过蛋白质工程改造和功能验证，获得更高效、精准的紧凑型 RNA 编辑工具，实现低剂量给药，即可实现有效的体内编辑，并实现一次给药即可进行多位点编辑，降低编辑工具过表达可能引起的脱靶风险；持续优化 RNA 编辑工具的递送系统，获得高效的组织特异性递送载体，递送效率的提高可以进一步降低编辑工具的剂量，从而降低脱靶风险和递送载体的免疫原性。

3.2.5 小　结

新一代基因编辑技术将进一步实现精准性、特异性、小型化和广适应性，突破大片段 DNA 高效写入和编辑系统高效递送等技术瓶颈，实现在任意重要物种和组织中，针对任意基因、片段或碱基的精确编辑。创新新一代基因编辑技术一方面应进一步优化现有的、以 CRISPR-Cas 为基础的基因或碱基编辑技术，提升其特异性、精准性和安全性；另一方面还应创新基因编辑的新系统、新原理和新策略，研发新一代 DNA 和 RNA 编辑底层技术，持续推进该领域的发展。

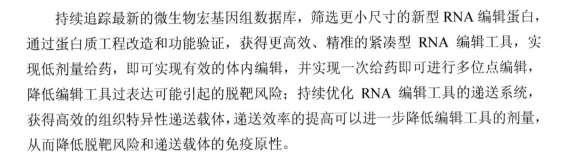

参考文献

[1] Jinek M, Chylinski K, Fonfara I, et al. A programmable dual-RNA-guided DNA endonuclease in adaptive bacterial immunity. Science, 2012, 337(6096): 816-821.

[2] Cong L, Ran F A, Cox D, et al. Multiplex genome engineering using CRISPR/Cas systems. Science, 2013, 339(6121): 819-823.

[3] Wang H, Yang H, Shivalila C S, et al. One-step generation of mice carrying mutations in multiple genes by CRISPR/Cas-mediated genome engineering. Cell, 2013, 153(4): 910-918.

[4] Yang H, Gao P, Rajashankar K R, et al. PAM-dependent target DNA recognition and cleavage by C2c1 CRISPR-Cas endonuclease. Cell, 2016, 167(7): 1814-1828.

[5] Schuler G, Hu C, Ke A. Structural basis for RNA-guided DNA cleavage by IscB-omegaRNA and mechanistic comparison with Cas9. Science, 2022: eabq7220.

[6] Knott G J, Doudna J A. CRISPR-Cas guides the future of genetic engineering. Science, 2018, 361(6405): 866-869.

[7] Komor A C, Kim Y B, Packer M S, et al. Programmable editing of a target base in genomic DNA without double-stranded DNA cleavage. Nature, 2016, 533: 420-424.

[8] Gaudelli N M, Komor A C, Rees H A, et al. Programmable base editing of A·T to G·C in genomic DNA without DNA cleavage. Nature, 2017, 551: 464-471.

[9] Rees H A, Liu D R. Base editing: precision chemistry on the genome and transcriptome of living cells. Nat Rev Genet, 2018, 19: 770-788.

[10] Abudayyeh O O, Gootenberg J S, Franklin B, et al. A cytosine deaminase for programmable single-base RNA editing. Science, 2019, 365(6451): 382-386.

[11] Anzalone A V, Randolph P B, Davis J R, et al. Search-and-replace genome editing without double-strand breaks or donor DNA. Nature , 2019, 576: 149-157.

[12] Zong Y, Liu Y, Xue C, et al. An engineered prime editor with enhanced editing efficiency in plants. Nat Biotechnol, 2022, 40: 1394-1402.

[13] Anzalone A V, Koblan L W, Liu D R. Genome editing with CRISPR-Cas nucleases, base editors, transposases and prime editors. Nat Biotechnol, 2020, 38(7): 824-844.

[14] Lampe G D, King R T, Halpin-Healy T S, et al. Targeted DNA integration in human cells without double-strand breaks using CRISPR-associated transposases. Nat Biotechnol, 2023. https: //doi.org/10. 1038/s41587-023-01748-1.

[15] Wang J Y, Pausch P, Doudna J A. Structural biology of CRISPR-Cas immunity and genome editing enzymes. Nat Rev Microbiol, 2022, 20: 641-656.

[16] Kreitz J, Friedrich M J, Guru A, et al. Programmable protein delivery with a bacterial contractile injection system. Nature, 2023, 616: 357-364.

蛋白质设计

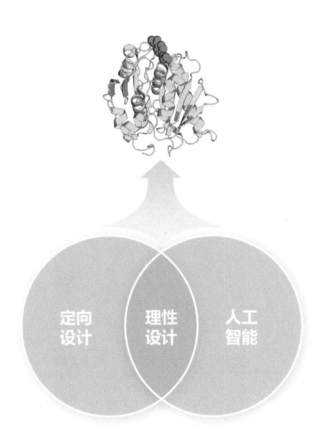

定向设计   理性设计   人工智能

编写人员   冯 雁   吴 边   孙周通   杨广宇   王祥喜   曲 戈   王雅婕

3.3 蛋白质设计

3.3.1 摘 要

蛋白质是生物功能的主要执行者，也是生物系统的基础构筑元件。高效设计并开发适用性强、功能独特的新型蛋白质元件，是合成生物学的核心发展方向之一。蛋白质设计作为创建高质量蛋白质元件的核心技术，系统整合了数据驱动的计算设计、结构指导的理性设计，以及基于高效筛选的定向进化等技术模块，展示了创建新型功能蛋白质的能力。然而，蛋白质标准化数据缺失和数据"偏见"、结构-功能关系和调控机制的认知有限、通用高效筛选方法缺乏等是该领域发展的瓶颈。因此，如何构建高质量蛋白质元件数据库，精准刻画蛋白质结构与功能关系，高效设计和筛选蛋白质元件，以满足生物体系设计的迫切需求，是该方向面临的巨大挑战。

3.3.2 技 术 简 介

（1）数据驱动的计算设计

蛋白质-蛋白质相互作用几乎在所有生命活动中发挥着重要功能。随着高质量蛋白质元件数据库的不断完善，数据驱动的计算设计方法蓄势待发，为蛋白质元件设计的变革与升级带来了新契机。未来，自动化设计将产出大量高质量、标准化的蛋白质功能实验数据，基于 AlphaFold2 带来结构预测突破，可通过基于力场函数的"白箱模型"深度考察不同类型调控元件和催化元件的反应机理及互作关系，并利用人工智能技术学习蛋白质"序列-结构-功能-互作"的映射关系和本质规律。通过优化力场函数与人工智能算法、推动"黑箱模型"和"白箱模型"的交汇融合、发展自主创新的蛋白质元件设计算法，从而构建新一代蛋白质智能化计算设计平台，实现定向需求的蛋白质多维空间精准设计与优化，拓展蛋白质元件应用场景。

（2）结构驱动的理性设计

蛋白质元件理性设计技术主要借助蛋白质构效关系及与配体相互作用理论，基

67

于生物信息学方法和三维结构信息，构建"小而精"的突变体文库，对蛋白质元件进行针对性改造。重点开展"序列-功能"映射机制分析、蛋白质关键活性位点与调控位点变构解析等工作，阐明蛋白质元件的构效关系及互作配体空间选择性的分子基础。通过建立蛋白质元件理性设计新方法与新策略，借助计算模拟以正确定位影响性能及调控的关键功能位点，同时基于功能机制去掉冗余氨基酸密码子，有效降低突变体文库规模，为获得高性能新型生物元件提供重要技术支撑。

（3）超高效筛选驱动的定向进化

定向进化是重要的蛋白质功能元件与调控元件非理性设计途径，利用自然进化原理，通过随机突变和高通量筛选，快速增强生物元件功能。然而，常规筛选方法所能筛选的库容量有限（通常在 $10^3 \sim 10^5$ 数量级），严重限制了定向进化的效率。近年来，科学家开发了多种超高通量筛选技术，如基于流式细胞术和液滴微流控技术的筛选策略，以及基于生长偶联、噬菌体辅助连续进化的体内筛选技术等，可以处理超过 10^7 数量级的超大规模突变库。发展高通量、高灵敏度的新型蛋白质元件筛选技术，可提升筛选库容量以探索更广阔的蛋白质序列空间，不仅能为工业过程提供高效功能元件，而且对加深理解元件与配体识别机制，以及阐明生物元件分子进化历程具有重要意义。

3.3.3 路 线 图

当前水平

涌现了一批包含可预测、可调控、可组装的生物元件信息的数据库，以及多种蛋白质的计算设计核心技术。

目标1：通过高通量测序、深度突变扫描、微流控、人工智能等新一代技术，构建高质量、标准化蛋白质元件数据库

突破能力	近期进展	至2030年进展
构建蛋白质元件数据库，其中数据库元件超千万，实现合成蛋白质元件的高通量组装，单元件组装量实现10^4月	建成开放共享的高通量、自动化、数字化的蛋白质元件创新平台 • 构建蛋白质元件的数据库与云平台，提高蛋白质元件库的查询效率 • 利用生物信息学技术对蛋白质元件进行整理、分类、确定执行其催化、调控功能的特征序列 • 采用蛋白质元件保藏和DNA保存相结合的策略，提高元件保藏和提取取得的自动化水平	建立自动化、高通量的元件组装和测试技术体系，完成百万个蛋白质元件的标准化组装和标准化测试 • 对蛋白质元件信息建立统一标准，开发标准化、自动化合成、自动化合成组装平台 • 开发蛋白质元件标准化组装方法与自动化系统相适配的技术体系 • 开发基因合成超级异源表达宿主，实现功能蛋白质元件的高效表达

目标2：对蛋白质数据库进行挖掘解析，深入了解蛋白质序列空间进化关系，完善蛋白质元件结构、功能以及分子进化特征定量理论

突破能力	近期进展	至2030年进展
开发蛋白质元件设计核心技术体系，研究进化-序列-结构-功能对映关系，实现高性能蛋白质元件的快速创制	开发数据驱动的蛋白智能塑造新技术 • 开发蛋白质大数据挖掘新技术，精细刻画进化与序列对应模型 • 研究蛋白质可进化性制约因素，建设蛋白质相互作用研究体系	开发蛋白质全序列、功能片段、关键位点等不同层次的从头设计技术 • 开发深度学习等先进算法，提升对蛋白数据的处理能力 • 实现由天然蛋白质序列（信息输入）到人工蛋白质序列（功能输出）的一步跃迁，开辟蛋白质设计新方法

图1 高质量蛋白质元件表征及数据解析与理性设计路线图

当前水平

基于物理模型计算技术的蛋白质元件设计已获得一系列成功案例，但基于数据驱动的设计技术还处于萌芽阶段。

目标 1：发展数字驱动的蛋白质设计新算法

突破能力	近期进展	至 2030 年进展
构建高质量、标准化蛋白质质骨架库和催化元件库，为数据驱动的蛋白质设计作用调控元件和催化元件设计算法提供基础信息保障	构建标准化蛋白质元件实验表征数据库，搭建骨架设计平台 • 完善数据收集与清洗工作流 • 优化设计 3 种基础骨架构基本元件，实现基础刚性模块骨架的搭建 • 利用高通量测序与筛选等实验技术，不断积累高质量、标准化蛋白质元件实验表征相关数据	设计亚基数目庞大的巨型蛋白质复合物骨架，发展数据驱动的蛋白质设计新技术 • 设计构建通用的骨架模块组装技术，如深度学习等方法 • 抽提隐含在生物过程大数据中的一系列本体特性

目标 2：解析蛋白质元件数据中暗藏的基本规律，发展新型蛋白质计算设计新理论、新算法

突破能力	近期进展	至 2030 年进展
推动机器学习与基于力场函数的"白箱模型"的交汇融合	解析蛋白质元件"序列-结构-功能"关系 • 深入挖掘蛋白质元件序列-结构-功能关系的普适性规律 • 对于目前已经解析并研究清楚的具有特定功能的蛋白质，直接进行标准化模块接口构建 • 对于用机制不明确但已经确（hallucination）等方式进行已知功能区域的移植，并组建标准化接口检测任务	有机结合"白箱模型"与"黑箱模型"，完成超大型功能蛋白质的标准化接口装配 • 将功能蛋白质拆解为多个功能或子结构单位，利用多个模块功能组装 • 实现完整蛋白质功能相关性能 • 量化每一层模型的相关性能 • 利用白箱模型测试验证，根据反馈结果系统调整黑箱模型参数

目标 3: 建立空间结构特异性多模块标准化接口，实现蛋白质元件多维空间精准设计，拓展应用场景

突破能力	近期进展	至 2030 年进展
实现多种相互独立的蛋白质接口设计	**建设骨架接口设计平台，为搭建功能逻辑模组建立元件基础** • 增加骨架接口适配性测试，将接口适配性作为功能性模块的属性，在选择搭配模块时作为考虑因素 • 利用计算算法与生化实验相结合的方式对接口进行优化	**利用已经设计的接口实现超大复合物组装设计** • 设计接口已锁，锁定已经形成固定结构的复合物 • 在重复接口蛋白加入前再加入接口锁蛋白质，锁定已完成组装的蛋白后再重复接口蛋白 • 实现超大复合物在超大复合物组装过程中的重复利用
实现智能、稳健、高效的定制化人工蛋白质元件设计	**提供不同应用场景所需蛋白质元件设计策略** • 计算算法与生化实验测试相结合 • 搭建智能算法的循环优化设计框架	**智能化蛋白质元件设计服务于定向需求** • 充分考虑生物系统具有多层次的调控逻辑的复杂特性 • 对不同层次的调控干预 • 人工蛋白质元件与底盘环境的整体适配及优化

图 2 发展基于机器学习、物理模型等计算技术的蛋白质元件设计技术路线图

当前水平

体外筛选体系通过非标记的质谱检测技术以及可兼容有毒蛋白的体外转录翻译体系逐渐发展，可应用的体系不断取得突破；体内筛选主要在多类酶体系的应用中拓展，以及发展新的胞内持续定向进化体系，但是适用于真核元件的高通量筛选工具仍有待突破。

目标 1: 发展通用性高效筛选技术

突破能力	近期进展	至 2030 年进展
实现新型蛋白质元件筛选方法的突破，可以兼容各种新的元件功能，大力发展新使用天然物的非标记筛选方法	• 每天用 1000 万个克隆的普适性筛选技术 • 采用各类新型荧光探针、生物传感器等荧光偶联方式，提开发光检测新型的应用范围与检测性能 • 开发专门对针对蛋白质元件高通量筛选的新型质谱设备与样品前处理体系	• 每天数亿个克隆的普适性筛选技术 • 开发更加高通量的流式细胞术、微液滴筛选仪、微液滴筛选设备 • 开发自动化的微液滴质谱检测系统

目标 2: 发展高通量、自动化的蛋白质元件体内进化技术

突破能力	近期进展	至 2030 年进展
开发靶向性好、编辑窗口大（大于 1kb）、突变率高且适用于不同底盘细胞的持续定向进化工具	**提高胞内突变的靶向性、扩大编辑窗口、提高突变率** • 拓展核酸酶种类，提高其靶向性及序列识别普适性 • 开发新型聚合酶与脱氨酶融合的高靶向性融合蛋白质，将非靶向性突变率降低至 10^{-8} 以下 • 开发基于真核生物的高效胞内持续定向进化技术 • 有机结合胞内定向进化技术与高通量筛选技术以提高实验通量	**开发全新胞内定向进化技术，提高进化效率及通量** • 创建基因编辑新技术，获得靶向且高通量编辑窗口大的基因编辑器 • 开发持续培养与筛选相结合的高通量平台，针对大多数胞内突变，实现突变筛选同步的"持续定向进化技术" • 实现对上下个目标蛋白质平行测试，单天上百轮定向进化筛选

图 3 发展通用性定向进化与高效筛选技术路线图

3.3.4　技术路径

（1）高质量蛋白质元件表征及数据解析与理性设计

现有技术：目前比较常用的数据库包括 NCBI 数据库（截止到 2022 年 6 月，已拥有 13 956.3 亿个碱基）、Uniprot 数据库（截止到 2022 年 8 月，已包含 568 002 条蛋白质注释信息）、PDB 数据库（截止到 2022 年 7 月，已收录 194 011 个生物大分子的三维结构）等。当前，随着合成生物学的兴起与发展，蛋白质数据库发生了新的变化，涌现了一批包含可预测、可调控、可组装的生物元件信息数据库，如 BioBrick 和 BioFab 数据库等。建立开放共享的大容量、自动化和数字化的蛋白质元件国际分中心并完善数据贡献的"共建共享"机制，为蛋白质功能的研究提供了基础元件数据，具有重要意义。

蛋白质的序列决定了其三维结构，而特定的三维结构又决定了它在细胞中的功能。当今计算机技术尤其人工智能技术的快速发展，给蛋白质设计改造领域带来了深刻变革。2022 年 7 月 31 日，英国 DeepMind 公司宣布，该公司开发的人工智能程序 AlphaFold2 已预测出约 100 万个物种的超过 2 亿种蛋白质结构，涵盖科学界已编录的几乎每一种蛋白质。结合当前蛋白质主流计算设计手段（如 AlphaFold、RoseTTAFold 等），开发新型底层技术体系，研究进化-序列-结构-功能对应关系，可实现高性能蛋白质的快速创制。

目标与突破点：通过高通量测序、深度突变扫描、微流控、人工智能等新一代技术，构建高质量、标准化蛋白质元件数据库。

对蛋白质数据库进行挖掘解析，深入了解蛋白质序列空间进化关系，完善蛋白质元件结构、功能及分子进化特征定量理论。

瓶颈：数据量过于庞大，造成存储困难；需消除冗余数据以提高元件数据质量；蛋白质元件表征数据需进行标准化。现有蛋白质数据大多由不同实验室贡献，无法做到完全标准化和标准化测试，合成成本高。

难以准确描述隐藏在海量序列空间中的进化规律；难以精准刻画蛋白质可进化性与其功能的对应关系；难以提炼蛋白质功能模块的组成及空间排布规律；计算力不足，制约了序列处理能力；蛋白质序列空间过于复杂，预测精度不够。

近期：预期建成开放共享的高通量、自动化、数字化的蛋白质元件创新平台；

形成高通量、自动化、数字化的蛋白质元件挖掘、设计、构建、测试、解析、建模等技术能力；构建蛋白质元件数据库，数据库信息超千万，可满足绝大多数生物设计的需求。开发数据驱动的蛋白质智能塑造新技术，通过对蛋白质数据库进行挖掘解析及结构预测，获取蛋白质的进化-序列-结构-功能信息，突破现有序列到结构的理论架构，研究蛋白质序列与功能的端对端直接映射模型，建立高精准度势能函数。

至 2030 年：建立自动化、高通量的元件组装和测试技术体系，完成上百万个蛋白质元件的标准化组装和测试。依赖不断提升的 CPU/GPU 高性能计算处理能力，借助深度学习等智能算法，开发蛋白质全序列、功能片段、关键位点等不同层次的从头设计技术，通过神经网络将数据进行分层抽象处理，从复杂的多维氨基酸序列空间中学习蛋白质序列的进化关系，实现直接由天然蛋白质序列（信息输入）到人工蛋白质序列（功能输出）的一步跃迁。

潜在解决方案

建设蛋白质元件云数据库，采用云计算的分布式处理、分布式数据库和云存储、虚拟化技术来设计蛋白质元件的数据库与云平台，提高蛋白质元件库的查询效率。综合运用基于结构-功能的序列相似性比对、蛋白质家族进化分析等生物信息学技术手段，对不同来源、不同家族、拥有相同或相似功能的元件进行整理、分类；通过去冗余技术在海量同工蛋白质数据中锁定具有代表性的功能元件。针对不同底盘微生物中的功能与应用，对蛋白质元件进行目标底盘的标准化功能表征。

对蛋白质元件建立统一标准，开发标准化、自动化合成组装平台，建立元件标准化组装体系，实现合成蛋白质元件的高通量自动化组装。元件组装通量实现 10^4/月；开发基因合成新技术，降低基因合成成本；构建超级异源表达宿主，实现功能蛋白质元件的高效表达。

开发蛋白质大数据挖掘新技术，深度挖掘远源进化关系的蛋白质家族功能偶联，建立高精准度的势能函数，获取进化与序列对应模型，定量蛋白质可进化性与其功能的对应关系；建设蛋白质相互作用研究体系，探讨蛋白质与蛋白质、蛋白质与核酸或小分子底物之间相互作用网络，揭示蛋白质负责功能执行氨基酸残基的空间排布规律及协作方式，提炼其功能实现的内在机制，形成蛋白质功能模块数据集。

开发深度学习等先进算法，提升对蛋白质的数据处理能力，有效降低对计算资源的依赖；通过实验验证及分类器进行预测模型的自我训练，不断完善预测精度，建立新的设计理论模型，提高蛋白质功能设计的成功率及可拓展性。

（2）发展基于机器学习、物理模型等计算技术的蛋白质元件设计技术

现有技术：由于生物体系的复杂性，一方面，数据表征方法不统一，缺乏大规模的专业性数据集；另一方面，长期以来学术界不发表负面数据，这导致了蛋白质相互作用调控元件和催化元件功能数据的不真实分布，产生错误的统计图景，因此难以用于大规模的模型训练。为了克服数据不足的问题，借助机器学习中的预训练方法，利用没有标注的高通量测序数据进行预训练，能够较为准确地描述蛋白质的适应性地貌，或使用参数量较小的模型拟合家族同源序列中的进化信息，从而实现对致病突变的高精度预测[1]。同时，基于蛋白质大批量的设计并验证蛋白质相互作用对，通过高通量实验验证的方式得到相互作用元件的亲和力数据。将实验所测定的数据与理论计算模型输入到所设计的深度网络模型中，可学习蛋白质序列-结构-亲和力之间的关系，更加准确地预测蛋白质序列变化对其功能的影响。

结构决定功能，目前合成生物学已经可以实现将不同通路的各个生化反应节点相关的酶进行生物内通路搭建，进而实现复杂功能分解及偶联。为了解决蛋白质元件设计问题，基于蛋白质本身的物理化学原理，研究人员开发了以 Rosetta[2]、ABACUS[3]为代表的基础软件，发展出一系列计算策略，展示了广阔的应用前景。利用 Rosetta 软件，美国华盛顿大学 David Baker 团队在蛋白质的从头设计方面开展了大量工作，前期工作中从头设计的蛋白质可以作为分子开关调控生物过程[4]，实现 pH 触发的构象变化[5]，甚至组成多种双输入的逻辑门[6]。近期，他们采用"自上而下"的强化学习策略，实现了具有特定系统属性的复杂蛋白质纳米材料的按需从头设计[7]。其设计合成的蛋白质冷冻电镜结构与理论计算模型非常接近，且其中迷你二十面体结构的衣壳蛋白纳米颗粒具有生物活性，可以强化疫苗反应和诱导血管生成。

骨架元件设计与功能元件设计都需要标准化接口进行偶联，而蛋白质接口设计依赖于结合界面设计，目前相互作用界面设计已经进入了高速发展的时代，如 RIF-DOCK 为基础的 mini-binder 设计[8]、Deep learning 为基础的 RFDesign 设计[9]等，

均可以实现蛋白质之间的相互作用界面设计及优化；此外，以抗体骨架及可变区替换为基础的 Rosetta Antibody Design[10]等均可归类为蛋白质之间的相互作用设计。目前的蛋白质元件设计算法，希望通过描述显式或隐式的建模序列-结构关系，或者蛋白质分子内的相互作用来实现蛋白质元件的设计；近期科研人员也对功能性蛋白质的直接生成进行了初步探索。但是，蛋白质元件功能往往涉及和其他类型的分子（有机小分子代谢物、核酸）的相互作用，在实际开发蛋白质元件的时候，这些因素都需要大量的生化实验来进行优化。随着深度学习的发展，难以运用物理模型刻画的性质预测已经有所突破，如大肠杆菌异源表达蛋白质的可溶性预测、嵌合抗体的免疫原性预测。在对代谢途径进行人工改造的时候，也利用了深度学习预测的蛋白质元件的性能来优化完整代谢通路的建模[11]。

目标与突破点：发展数字驱动的蛋白质元件设计新算法；构建高质量、标准化刚性蛋白质骨架库和催化元件表征数据库；解析蛋白质元件数据中暗藏的基本规律，发展蛋白质元件计算设计新理论、新算法；推动机器学习与基于力场函数的"白箱模型"的交汇融合；建立空间结构设计特异性多模块标准化接口，实现蛋白质元件多维空间精准设计、多种相互独立的蛋白质接口设计，以及智能、稳健、高效的定制化人工蛋白质元件设计。

瓶颈：不同的实验室表征方法不统一，难以用于大规模模型训练。蛋白质具有柔性，当亚基数量过大时，骨架的长度与相应的空间角度的精准度对整体复合物的影响会呈现线性增长，如何防止被放大的偏差是该方向的难点；由于生物数据库缺失和"偏见"问题，目前的机器学习模型训练存在过度拟合与拟合不足的现象。

大多数蛋白质元件的功能机制仍不清晰，影响酶活功能的关键蛋白质区域缺乏置信模型，运用机器学习的预测模型可能无法直接推广应用到其他学习任务。标准空间单位体积内无法实现具备完整功能蛋白质的装配；"黑箱模型"建模的蛋白质关键构-效关系可解释性较弱，无法与"白箱模型"建立有效关联。

人工设计接口可能存在对蛋白质发挥功能的影响。蛋白质接口设计需要充分考虑接口功能占比与接口标准化可塑性之间的矛盾，当拼凑多种不同模块时，接口的特异性会决定模块组装逻辑复杂度的上限，但当组成复合物的亚基数量超过现有的接口数量时，会出现无接口可用的情况。人工蛋白质元件设计效率较低，需考虑人工设计途径中多层次调控之间的相互影响。

近期：构建标准化蛋白质元件实验表征数据库，搭建骨架设计平台，并优化基础骨架结构基本单元，实现基础刚性模块骨架的搭建，为数字驱动的蛋白质元件设计提供基础信息；解析蛋白质元件"序列-结构-功能"关系；建设骨架/骨架、骨架/功能元件的接口设计平台，为实现不同单元元件的特异性对接，搭建功能逻辑组建元件基础；提供不同应用场景所需蛋白质元件设计策略。

至 2030 年：利用构建的标准化蛋白质元件实验表征数据库和基础骨架元件，设计亚基数目庞大的巨型蛋白质复合物骨架，并发展数据驱动的蛋白质设计新技术；有机结合"白箱模型"与"黑箱模型"，完成超大型功能蛋白质单位的标准化接口装配，发展蛋白质元件计算设计新算法；利用已经设计的接口实现超大复合物组装设计；智能化蛋白质元件设计服务于国家重大战略需求。

潜在解决方案

完善数据收集与清洗工作流，最大限度地利用原始文献对数据进行确认和矫正，使用结构化、易解析的数据格式，针对不同的性质分别构建不同的蛋白质元件表征数据集，避免数据混乱与大量缺失；利用高通量测序与筛选等实验技术，不断积累高质量、标准化蛋白质元件表征数据。

基于构建的标准化蛋白质骨架组装单元，设计通用组装骨架模块进行重复堆叠组装。例如，角度测定可以先构建接口使骨架蛋白质装配形成螺线圈结构，将其放大后可以测定逻辑信号，从而解决该难点；基于构建的标准化蛋白质元件表征数据库，发展新型机器学习方法，抽提隐含在生物过程大数据中的一系列本体特性。

对于目前已经解析并研究清楚的具有特定功能的蛋白质，直接进行标准化模块接口构建；对于作用机制不明确但已经解析结构的蛋白质，采用幻觉（hallucination）等方式进行已知功能区域的移植，并组建标准化接口检测任务；基于力场函数深入挖掘蛋白质元件序列-结构-功能关系的普适性规律；利用迁移学习模型等人工智能模型，从输入的蛋白质元件序列中生成、提取深层的特征，从而基于序列执行多种预测任务。

功能蛋白质最小化设计是指利用最少的氨基酸序列执行完整蛋白质功能，可以将功能蛋白质拆解为多个子功能或子结构单位，利用多个模块实现完整蛋白质功能组装；系统开发和验证模型，量化每一层模型相关性能，并用白箱模型测试验证，根据反馈结果系统调整黑箱模型参数。

在构建功能性模块时，增加接口适配性测试，将接口适配性作为功能性模块的属性，在选择搭配模块时作为需考虑因素；利用计算算法与生化实验相结合的方式对接口进行优化，在进行大量接口设计后，将其中对其他蛋白质影响最小的接口进行再设计，实现优势接口的扩展和改进优化。

在原有蛋白质接口处进行接口适配设计，设计接口锁，锁定已经形成固定结构的复合物。在装配蛋白质过程中，按照复合物组装逻辑的先后顺序依次添加不同组装元件，先加入接口锁蛋白质，锁定已经完成组装的蛋白质后再加入重复接口蛋白质，此时可以实现接口在超大复合物组装过程中的重复利用。

利用计算算法与生化实验测试相结合的方式，搭建智能算法与生化测试的循环优化设计框架，提高蛋白质的设计效率。

充分考虑生物系统具有多层次调控及高度耦合的复杂特性，从系统的角度对不同层次的调控进行干预，实现人工蛋白质元件与底盘环境的整体智能适配及优化。

（3）发展通用性蛋白质元件高通量筛选与定向进化技术

现有技术：基于液滴微反应器的单细胞微反应器超高通量筛选方法，是近年发展起来的针对蛋白质元件/代谢产物的新型高通量筛选技术体系。该筛选体系的效率比传统 96 孔板高 3～5 个数量级，可实现高效的蛋白质元件及代谢产物筛选，极大地提升了工程菌的选育效率。剑桥大学的研究团队通过在微液滴制备时引入细胞裂解试剂来破碎细胞，对硫酸酯酶进行定向进化筛选，筛选通量约 1000 个/秒，成功将该酶的活性和表达量提高了 6 倍[12]。上海交通大学开发了基于微流控芯片的双色荧光筛选体系，利用该体系对嗜热酯酶 AFEST 进行了定向进化，经多轮随机突变及定点饱和突变，最终获得了一系列活性及立体选择性都显著提高的突变体，证实了微流控芯片双色液滴筛选体系的有效性[13]。然而，由于单细胞微反应器筛选通常需要将代谢产物转化为可检测的荧光信号，而大多数代谢产物缺少相关的荧光偶联策略，大大限制了单细胞微反应器筛选体系在代谢产物工程菌筛选中的应用。为避免荧光信号偶联的限制，人们在单细胞微反应器筛选体系中引入了无标记的检测方法，如拉曼光谱检测、质谱检测等，但这些检测方法成熟度相对较低，短期内仍难以得到实际应用。

胞内定向进化技术即在胞内诱导特定基因的突变，无需进行基因克隆与转化，这在很大程度上缩短了定向进化的实验周期。早期开发的胞内定向进化技术多基于单/双链 DNA 重组技术（如 MAGE）[14]；近年来，基于 CRISPR-Cas 开发的胞内定向进化工具（如 CasPER[15]、CHAnGE[16]、MAGESTIC[17]、CREATE[18]等）大大提高了原核与真核细胞中基因重组的效率。噬菌体辅助的连续进化系统 PACE 是近年来最经典的案例，其将突变文库与宿主分离，可以避免引入大量背景突变[19]。然而上述方法都存在种种限制：重组技术易在宿主基因组中引入有害突变，从而导致遗传不稳定性；基于 CRISPR 的体内突变窗口小、脱靶率高，会导致较高的背景突变；PACE 系统需要依赖技术较复杂的"潟湖"反应器，无法作用于不能和 pIII 蛋白质表达相偶联的蛋白质，也很难在除大肠杆菌以外的宿主中实现，这些因素限制了其被广泛运用。因此，连续体内定向进化技术亟待解决的问题依旧是提高突变工具的靶向准确性，以及设计大小合适的突变框，通过对目标基因的精准识别和准确终止，避免对下游基因的干扰。

目标与突破点：发展新型高效的体外高通量蛋白质元件筛选技术；发展高通量、自动化的蛋白质元件体内进化技术。

瓶颈：针对多数蛋白质元件功能行使，缺少有效的荧光偶联方法，使得微液滴筛选体系的检测灵敏度和适用范围受限；高通量质谱方法的自动化程度不高、成本偏高，很难用于大规模蛋白质元件的高通量筛选。目前，微流控筛选设备的通量和速度仍存在瓶颈，难以实现超过每天 1000 万的筛选要求；质谱系统破坏式的检测方式，使其难以与微液滴体系兼容。

缺乏靶向性好、突变率高、突变窗口大且操作便捷的胞内定向进化工具。目前胞内定向进化工具酶以 CRISPR 为主流，亟须挖掘能够精准识别、具有低脱靶活性的新型可编程性核酸酶，而且新型核酸酶能与编辑元件在体内协同、高效作用。

近期：发展 FACS、FADS 等荧光标记体外筛选方法，测试 10 种以上蛋白质元件的筛选能力达到每天 1000 万个克隆；发展高通量质谱等非标记筛选方法，筛选速度达到每天 1 万个以上；优化胞内定向进化技术，开发靶向性好、编辑窗口大（大于 1 kb）、突变率高且适用于不同底盘细胞的持续定向进化工具。

至 2030 年：发展 FACS、FADS 等荧光标记体外筛选方法，测试 100 种蛋白质元件的筛选能力达到每天 1000 万个克隆、10 种蛋白质元件的筛选能力达到每天 1 亿个克隆；发展高通量质谱等非标记筛选方法，筛选速度达到每天 10 万个以上。基于新型可编程性核酸酶，如具有靶标精准识别、剪切活性且无需识别序列限制的 Argonaute 核酸酶，测试其靶标精准识别的催化活性，阐释其催化分子机制，建立偶联 T7 聚合酶、脱氨酶等的协同作用体系，提出其在体内定向进化的新模式理论，突破现有 CRISPR 技术，开发新一代定向进化技术。

潜在解决方案

采用新型荧光探针、生物传感器等荧光偶联方式，提升荧光检测的应用范围与检测性能；开发专门针对蛋白质元件高通量筛选的新型质谱设备及样品前处理体系。

发展新型的高通量筛选设备，如更加高速的流式细胞仪、微液滴筛选设备、自动化的微液滴质谱检测系统，以满足更加严格的高通量筛选要求。

通过工程改造现有的 Cas 酶，拓宽其识别位点及特异性；基于靶向性较高的 CRISPR-Cas 胞内定向进化工具，搭建 DNA 合成、转化与筛选的高通量自动生物合成平台，通过提高实验通量来增加突变率、扩大编辑窗口；编辑窗口大但靶向性差的技术，如 T7 RNA 聚合酶-胞苷脱氨酶复合体，可通过蛋白质工程和启动子改造提高 T7 RNA 聚合酶在胞内的正交性，从而降低其脱靶率；将胞内定向进化技术与自动化生物合成平台偶联，实现上百个目标蛋白质、单天上百轮的突变筛选。

通过生物信息学深度挖掘微生物来源的防御系统核酸酶，对进化代表性的蛋白质元件进行表征，提高其性能并降低脱靶率；研究新型核酸酶与 T7 聚合酶、脱氨酶等的协同作用，并通过理性融合、蛋白质骨架等设计优化随机突变系统；针对高效胞内定向技术，设计连续、高通量培养平台，实现针对上千个目标蛋白质、单天上百轮平行突变的筛选实验。

3.3.5　小　　结

近年来，数据库中蛋白质序列的指数增长及生命科学前沿技术的快速发展，为人们提供了丰富的生物元件。如何充分利用庞大的生物资源数据，精准刻画蛋白质结构与功能关系，是该领域面临的重大机遇和挑战。在未来的研究中，通过高通量测序、深度突变扫描、微流控等新一代技术，可建立大容量、自动化和数字化的蛋白质元件中心，解决目前蛋白质数据库面临的标准化数据缺失和数据"偏见"问题，为蛋白质设计工程的创新研究提供基础元件，助力蛋白质元件结构与功能机制的深度解析。基于此，利用蓬勃发展的人工智能技术，发展自主创新的蛋白质元件设计新算法，建立基于空间结构设计特异性多模块标准化接口，推动"黑箱"模型和"白箱"模型的交汇融合，加深对蛋白质"序列-结构-功能-互作"映射关系和本质规律的理解，实现多种相互独立的蛋白质接口设计，构建新一代蛋白质智能化计算设计平台，拓展蛋白质元件应用场景，实现蛋白质工程的跨越式发展，从而加速推动工程生物学理念的工业化实现。

参 考 文 献

[1] Frazer J, Notin P, Dias M, et al. Disease variant prediction with deep generative models of evolutionary data. Nature, 2021, 599: 91-95.

[2] Leman J K, Weitzner B D, Lewis S M, et al. Macromolecular modeling and design in Rosetta: Recent methods and frameworks. Nat Methods, 2020, 17: 665-680.

[3] Xiong P, Wang M, Zhou X, et al. Protein design with a comprehensive statistical energy function and boosted by experimental selection for foldability. Nat Commun, 2014, 5: 5330.

[4] Langan R, Boyken S, Ng A H, et al. De novo design of bioactive protein switches. Nature, 2019, 572: 205-210.

[5] Boyken S, Benhaim M, Busch F, et al. De novo design of tunable, pH-driven conformational changes. Science, 2019, 364: 658-664.

[6] Chen Z, Kibler R, Hunt A, et al. De novo design of protein logic gates. Science, 2020, 368: 78-84.

[7] Lutz I, Wang S, Norn C, et al. Top-down design of protein architectures with reinforcement learning. Science, 2023, 380: 266-273.

[8] Cao L, Coventry B, Goreshnik I, et al. Robust de novo design of protein binding proteins from target structural information alone. Nature, 2022, 605: 551-560.

[9] Wang J, Lisanza S, Juergens D, et al. Scaffolding protein functional sites using deep learning. Science, 2022, 377: 387-394.

[10] Adolf-Bryfogle J, Kalyuzhniy O, Kubitz M, et al. RosettaAntibodyDesign(RAbD): A general framework for computational antibody design. PLoS Comput Biol, 2018, 14(4): e1006112.

[11] Li F, Yuan L, Lu H, et al. Deep learning-based kcat prediction enables improved enzyme-constrained model reconstruction. Nat Catal, 2022, 5: 662-672.

[12] Kintses B, Hein C, Mohamed M F, et al. Picoliter cell lysate assays in microfluidic droplet compartments for directed enzyme evolution. Chem Biol, 2012, 19(8): 1001-1009.

[13] Ma F, Chung M T, Yao Y, et al. Efficient molecular evolution to generate enantioselective enzymes using a dual-channel microfluidic droplet screening platform. Nat Commun, 2018, 9(1): 1030.

[14] Wang H H, Kim H, Cong L, et al. Genome-scale promoter engineering by coselection MAGE. Nat Methods, 2012, 9(6): 591-593.

[15] Jakočiūnas T, Pedersen L E, Lis A V, et al. CasPER, a method for directed evolution in genomic contexts using mutagenesis and CRISPR/Cas9. Metab Eng, 2018, 48: 288-296.

[16] Bao Z, HamediRad M, Xue P, et al. Genome-scale engineering of *Saccharomyces cerevisiae* with

single-nucleotide precision. Nat Biotechnol, 2018, 36(6): 505-508.

[17] Garst A D, Bassalo M C, Pines G, et al. Genome-wide mapping of mutations at single-nucleotide resolution for protein, metabolic and genome engineering. Nature Biotechnol, 2017, 35(1): 48-55.

[18] Roy K R, Smith J D, Vonesch S C, et al. Multiplexed precision genome editing with trackable genomic barcodes in yeast. Nat Biotechnol, 2018, 36(6): 512-520.

[19] Esvelt K M, Carlson J C, Liu D R, et al. A system for the continuous directed evolution of biomolecules. Nature, 2011, 472(7344): 499-503.

基因线路

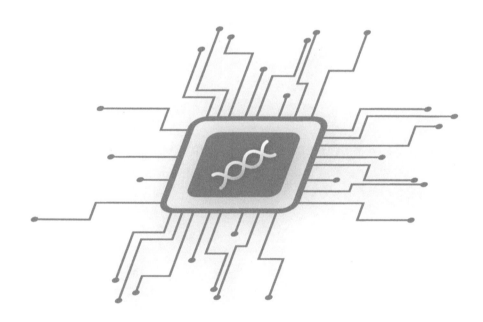

编写人员　李　春　宋　浩　周雍进　连佳长　史硕博　秦　磊

3.4 基因线路

3.4.1 摘　　要

基因线路工程是在工程化设计原理指导下对生命过程进行设计和构建，组装与编程基本生物元件，使之具有非天然新功能或满足一些重要的、具有挑战性目标的新功能。基因线路能根据目标设计复杂合成生物学的途径线路和生理功能，并且能够动态控制合成调控系统，具有一定的通用性。基于人工智能技术和生物数据库的发展与完善，基因线路的设计将在感受器与逻辑门线路、天然基因线路与非天然基因线路设计等方面实现智能化、精准性及高效性。另外，基因线路的智能化设计，精确、高效和自动化组装，以及基因线路与底盘细胞的高效适配将为基因线路的构建提供支持。

3.4.2 技　术　简　介

（1）基因线路设计准则

基因线路（genetic circuit）是指在合成生物学中由各种调节元件和被调节基因组合成的遗传装置，可以在给定条件下可调且定时、定量地表达基因产物。当前基因线路设计基于有机化学、生物化学和电子工程的专业知识、文献报道及自身实践经验。以生物元件的相互作用和系统信号转导特征为基本前提，通过借鉴已报道的天然或人工生物合成途径、相似反应类型的分子互作关系、酶促生物反应来设计基因线路。生物元件（biological part）是一种具有特定功能的核苷酸，是遗传系统中最简单、最基本的生物积块（BioBrick）。随着生物反应规则数据库和标准化生物元件数据库的丰富，通过提取并应用酶促生物反应规则模版、挑选合适生物元件，利用生物逆合成计算工具实现功能基因线路的精准自动化设计将成为新的基因线路设计准则[1~3]。未来基于自动化设计产出的大量生物反应和基因线路数据，可通过人工智能技术学习生物反应特征的本质规律，实现化合物所有潜在生物反应位点、反应类型和相应概率的预测，扩大基因线路设计的空间和自由度，以实现高效、新颖、最优化的基因线路设计。

（2）生物元件开发

生物元件具有多种功能，包括调控、表达、响应等，是组成基因线路的必需元件。然而，生物元件种类匮乏、表征描述不明确、生物元件间或元件与底盘细胞间不兼容，是阻碍其在基因线路设计和发展的主要障碍之一。生物元件的挖掘、改造与标准化对实现基因线路的高效组装至关重要。目前"标准生物元件登记库"中的生物元件已超过 20 000 种。常见的生物元件包括启动子、核糖体结合位点（RBS）、终止子、核酸适配体等。启动子是在转录水平上调节基因表达的关键元件，可用于调控基因线路中各基因的表达水平。通过理性设计和定向进化改造启动子，能够开发并编制一套核心启动子和响应元件，实现生物体内可预测和可调节的多基因精准表达控制。核糖体结合位点（RBS）是 mRNA 分子 5'端（上游）的区段，能够结合核糖体并正确定位至翻译起始位点，也能够控制 mRNA 翻译起始的准确度和效率，筛选不同序列组成的 RBS，从而影响下游基因的表达水平。终止子是独立于基因编码序列、促进转录终止的控制元件。不同活性的终止子会直接影响合成 mRNA 的量，最终影响基因表达程度。开发可控、可设计、短小的终止子可以避免冗余序列带来的干扰，有助于实现对代谢途径的精细调控。核酸适配体是一段可以与特定蛋白质或小分子配体结合的 DNA 或 RNA 序列，能与目标物质高特异性地结合，被广泛应用于感受器领域。通过对核酸适配体的高效筛选与设计，可以建立以核酸适配体为基础的感受器高通量筛选。同时，RNA 核酸适配体还可以用来构建分子诱导型的核糖开关，直接在翻译水平调节基因表达。此外，转录调控蛋白因子通过对启动子的转录进行调节，在转录水平调控基因表达，通过对转录调控蛋白因子进行分子改造，可以使转录调控蛋白因子更高效、更精准地调控基因线路。

（3）调控基因线路设计

宿主特异性、环境影响、模块化和组件的可调性都是基因线路设计中的关键因素。功能基因和调节元件是组成生物基因线路的两大基础，其中调节元件决定了基因线路的可调控特性。调控基因线路是指基因线路根据输入信号的变化改变输出信号的一种动态基因线路，主要包括感受器、逻辑门基因线路和正交表达系统。现有的调控基因线路存在生物传感元件不足、信号转导机制不清、设计基因线路的可控性和可预测性差等问题。未来有望在生物传感的分子作用对的文库构建、感受器高效筛选与设计、逻辑门的智能化设计、生物群落的智能响应设计等方面取得突破，实现快速、精准地转换合成生物系统的输入信号与输出信号，以及智能化、自主化调控生物细胞和系统。

（4）功能基因线路设计

传统基因线路的设计和构建方式主要仿照天然功能的基因线路进行设计，存在大量的试错过程，通量小、效率低，设计途径与合成调控元件的组合较为盲目或随机，且设计出的线路不能很好地与底盘细胞适配，因此以生物逆合成工具为代表的自动化设计工具代替传统依赖经验和试错的设计构建方式，实现了功能基因线路的高通量、自动化精准设计。生物逆合成的思想来源于化学逆合成，分为生物逆合成途径预测和途径筛选两个环节。在逆合成途径预测阶段，通过使用一组在原子水平上描述底物和产物分子之间化学转化模式的生化反应规则，推测合成目标化合物的反应及催化该步反应的酶，实现将输入化合物（即目标化合物）转化为一系列中间化合物，并最终建立将底物转化为产物的功能基因线路。

（5）基因线路的高效组装技术

实现基因线路在生物体内的功能性表达，首先需要将启动子、基因等元件按照一定的规则构建成为功能模块，然后再将各种功能模块在生物体内组装成具有特定功能的基因线路。目前，实现在生物体内进行组装的方法主要有同源重组，以及更加高效及模块化的 GoldenGate 和 CRISPR-Cas 技术，但是其编辑效率和规模仍然无法满足大片段多基因线路高效组装的需求。因此，有待开发多功能、多位点、高通量的基因组编辑技术及自动化核酸组装平台，进一步提高基因线路的组装效率和通量。

（6）基因线路与底盘细胞适配技术

基因线路与底盘细胞之间的适配性决定了所设计的基因线路能否发挥正常功

能。目前，基因线路与底盘细胞的适配性主要通过试错实验实现，其过程仍然缺少一定的理论基础和设计原则。解决以下问题有助于提升我们对底盘细胞适配性的理解，包括：确定多 DNA 片段在基因组中的整合方式和位点选择原则；如何筛选最适于目标基因线路的底盘细胞种类；如何筛选或者设计符合基因线路需求的标准化生物元件；如何获得具备通用性且稳定表达的基因线路；如何对工程细胞进行高效进化来提高基因线路与底盘细胞的适配性，从而实现基因线路与底盘细胞相容、正交、稳健的高效适配等。

3.4.3 路 线 图

当前水平

将逆合成算法与人工智能技术相结合可实现简单的生物合成途径设计，基因线路设计主要依靠经验。

目标 1：实现感受器与逻辑门线路的高效设计

突破能力	近期进展	至 2030 年进展
提升感受器和逻辑门等调控基因线路的设计能力	**调控基因线路的理性设计** • 建立信号转导与信号作用的分子作用对元件库，解析生物体中未知信号传递途径，丰富元件数据库 • 将基因表达相互作用纳入细胞入预测设计中，提升基因线路的通用性 • 在模式生物中实现环境信号（光、电、物理作用力等）和代谢物的生物传感，建立感受器的高通量筛选方法 • 对具有多个调节器的逻辑门基因线路进行可控、可预测的设计和改造 • 对多物种组成的过程进行精确、可预测、可调控的基因动态表达	**调控基因线路的智能设计** • 进一步丰富生物分子作用元件库，能够实现对感受器灵敏度、检测范围、阈值的精确调节 • 模拟及预测基因调控、代谢及系统水平行为的分层模型 • 提高感受器的筛选通量，实现在非模式生物中任何环境信号、代谢物、光、电、物理作用力等的生物传感 • 应用人工智能对逻辑门基因线路进行设计，开发在线设计工具 • 实现生物群落种间各种生物生长与生产的动态，可控调节

目标 2：实现基因线路的智能自动化设计

突破能力	近期进展	至 2030 年进展
提升合成途径的设计能力，开发基因线路设计软件	**功能基因线路的自动化设计** • 挖掘新生物元件，对元件进行资源收集和整理扩展，完善生物元件数据标准和测试标准 • 使用机器学习，总结大量线路设计相关文献，建立生物代谢数据库和元件数据库 • 以现有生物反应为模板，结合生物反应数据库和元件数据库资源，利用生物逆向合成途径的精准自动化设计 • 开发基于基因线路设计可视化软件，在基因线路设计软件中实现生物元件选择、组装过程的模拟	**功能基因线路的智能化设计** • 实现生物代谢数据库和元件数据库资源的自动实时更新 • 通过已知生物元件的表征，建立对特定功能生物元件的理性设计 • 基于生物反应大数据和人工智能技术抽提生物反应特征规律，结合酶功能预测和酶序列设计工具，实现高效生物合成途径的精准自动化设计 • 丰富基因线路设计可视化软件的元件库，增加软件的辅助功能，实现与自动化组装设备的对接

图 1　基因线路设计的智能化路线图

当前水平

可实现 10 kb 以上 DNA 片段组装，可实现基因线路的自动化组装。

目标 1：实现基因线路智能化、自动化地精确与高效组装

突破能力	近期进展	至 2030 年进展
提升基因线路组装的准确率和自动化水平	**基因线路的高效组装** • 具有 10 个以上 DNA 片段的基因线路组装能力，在宿主全基因组范围内进行一步组装，同时不产生脱靶效应 • 整合机器学习，识别容易产生问题且难以整合的序列，并给出优化建议 • 开发基因线路组装过程的纠错方法，提高组装准确度	**基因线路自动化组装与纠错** • 具有 20 个以上 DNA 片段的基因线路在模式宿主全基因组范围内进行一步组装，同时不发生脱靶效应 • 整合机器学习，构建自动化组装平台，根据优化建议，实现基因线路组装的自动纠错 • 实现基因线路组装过程的自动纠错

目标 2: 实现基因线路与底盘细胞相容、正交、稳健的高效适配

突破能力	近期进展	至 2030 年进展
提升基因线路与底盘细胞适配的能力	**基因线路与底盘细胞的快速适配技术** • 在模式生物中进行多位点的定量、特异性整合，随时间进行遗传和表观遗传机制的监测及调控 • 开发在多物种中稳定、高效表达的通用型基因线路 • 与基因线路适配的底盘细胞快速筛选方法 • 基因线路与底盘细胞适配的细胞快速进化方法	**基因线路与底盘细胞的智能适配技术** • 在非模式生物中进行多位点的定量、特异性整合 • 开发多物种中稳定、高效表达的通用型基因线路 • 应用人工智能筛选与基因线路适配的细胞智能进化关键机制 • 基因线路与底盘细胞适配的细胞智能进化方法及关键机制

图 2 基因线路组装与适配的自动化路线图

3.4.4 技 术 路 径

（1）基因线路设计的智能化

现有技术：目前，基因线路设计的智能化主要依靠逆合成的途径设计工具，如 Route Designer、PathPred、Sympheny、GEM-Path、RetroPath、SimZyme、Cellor、EcoSynther、RetroPath2.0、RetroPath RL 和 NovoPathFinder 等[4~6]。由于逆合成算法基于已知生化反应的有限反应规则可产生大量的预测路径，使得大多数生物逆合成算法比较复杂且假阳性率较高。针对这一问题，研究人员开始将逆合成算法与人工智能技术相结合，如 RetroPath RL 工具等[7]。调控基因线路包括感受器、逻辑门基因线路及正交表达系统等，它们被用于感知和响应不断变化的内部及外部条件，并将其转化为细胞中基因的表达或系统中某些功能的激活。研究者根据转录因子作用对开发了一系列的逻辑门，进一步利用开发的基因线路设计软件 Cello 2.0 实现任意模式的动态调控过程[8]。但是，调控基因线路的可控和精准设计仍存在调控元件不足、功能易受底盘细胞干扰、不同细胞间的通用性较差等问题，因此，需要新的方法来设计调控基因线路，并解析其背后的作用机制。

目标与突破点：基因线路设计的智能化；感受器（sensory）与逻辑门线路的高效设计；基因线路的智能自动化设计。

瓶颈：对大量生物信号和物理信号传递过程与机理尚未解析，例如，在细胞工厂的构建过程中，发现微生物中存在一些植物天然产物的启动子和响应基因，但其响应机制仍不清楚[9]；仅局限于一些常见代谢物的感受器，缺少所需基因调节作用的正交、可编程、非重复调节能力。

多物种系统中的相互作用机制不清晰；感受器分子作用机制不清晰；如何理性改造感受器使其达到预期的灵敏度、检测范围和阈值。此外，还存在感受器与底盘细胞的兼容性问题；逻辑门基因线路设计仍然依赖专家经验；人工生物群落的稳健性不足。

生物元件种类匮乏、表征描述不明确；机器学习阅读文献技术不够完善，支撑生物逆合成算法的代谢数据库和元件数据库不全；长途径生物合成线路难以精准设计；适用于设计软件的生物元件库的构建与标准化不完善。

生物元件的收集整理和共享机制仍需完善，智能算法软件缺乏；难以从实时更新的海量文献信息中提取生物反应规则、反应条件及酶序列等信息并实时更新数据库；自动化设计代谢途径、代谢网络及基因线路的算法和软件仍不完善；如何提高设计软件的准确性；如何实现基因线路从设计到自动构建的"一步式"全自动化完成。

近期：建立信号转导与传感的分子作用对元件库，解析生物体中重要未知信号传递途径，丰富生物分子作用对元件库；在模式生物中实现任何环境信号（光、电、物理作用力等）和代谢物的生物传感，建立感受器的高通量筛选方法；对具有多个调节器的逻辑门基因线路进行可控、可预测的设计和改造；对多物种组成的过程进行精确、可预测、可调控的基因动态表达。

挖掘、设计与构建新生物元件，并构建生物元件库；使用机器学习，总结大量线路设计相关文献，建立生物代谢数据库和元件数据库；以现有生物反应为模版，结合生物代谢数据库和元件数据库资源，利用生物逆合成计算工具实现生物合成途径基因线路的精准自动化设计；开发基因线路设计可视化软件，在基因线路设计软件中实现生物元件的选择、组装过程的模拟。

至 2030 年：进一步丰富生物分子作用对元件库，能够实现对感受器灵敏度、检测范围、阈值的精确调节；提高感受器的筛选通量，在非模式生物中实现任何环境信号（光、电、物理作用力等）和代谢物的生物传感；应用人工智能对逻辑门基因线路进行设计，开发在线设计工具；实现生物群落间各种生物生长与生产的动态、可控调节。

加速生物元件数据和实物的共享与分发，开发去中心化数据共享技术，统一生物元件库共享机制，建立生物元件的设计原则；实现生物代谢数据库和元件数据库资源的自动实时更新；基于生物反应大数据和人工智能技术抽提生物反应特征规律，实现对给定化合物潜在生物反应类型和概率的预测，结合酶功能预测和酶序列设计工具，实现高效生物合成途径的基因线路设计；丰富基因线路设计可视化软件的元件库，增加软件的辅助功能，实现与自动化组装设备的对接。

潜在解决方案

通过表观遗传学、多组学技术和芯片测序技术解析未知的生物信号传递过程，发现新的分子作用对；搜集信号转导与传感的分子作用对，初步形成感受器的数据

库；建立感受器的高效、快速高通量筛选与构建方法；大量筛选、构建并测试响应环境信号、特定化合物的感受器；开发相互正交的启动子/调控子对、与宿主正交的基因操纵系统；开发相互正交的 CRISPR 系统、重组酶系统等；解析多物种系统中物质与能量交流的机制；对多物种系统中的调节基因线路进行合理设计，实现多物种系统中基因线路的稳定和可控基因表达。

扩展生物分子作用对元件库，增加信号传感元件的可选择性；建立感受器的数字化描述模型，从经验模型扩展到理论模型；建立感受器数据库；利用人工智能对感受器进行预测和设计，建立超高通量的感受器筛选方法；开发非模式生物分子操作技术的新方法；建立人工智能预测和设计逻辑门基因线路的方法；开发逻辑门基因线路设计算法、工具箱、软件、网站等；建立生物群落的动态模型，建立生物群落的设计和预测算法及软件；利用计算机软件设计并建立稳定的互利共生、偏利共生等多物种体系。

开发稳健的、高通量的生物元件筛选方法；对元件进行资源收集和整理扩展，完善生物元件数据标准和测试标准，建立"标准生物元件登记库"。

整合当前开源的生物反应、酶、代谢数据库资源；通过众包等方法补充代谢数据库和元件数据库信息；通过自然语言处理技术实现从 PDF、网页等多种来源的文献中自动提取生物反应、反应条件及酶序列等信息，并用于代谢数据库的自动更新。

充分利用当前已知代谢数据和元件数据，通过智能算法构建生物反应途径网络，与底盘细胞代谢途径网络耦合作为底盘网络，以减少基因线路预测长度；对生物反应规则进行评价并赋予不同权重，结合深度学习和神经网络技术训练生物逆合成网络，进行基因线路设计；通过考虑基因线路的热力学可行性、化合物毒性、对底盘细胞的生长压力及与底盘细胞的适配性等约束条件，辅助长途径基因线路的筛选。

将生物元件按功能、来源等性质进行归类，在元件序列中合理添加标准化接口或设计标准化修饰，助力建立标准化的元件组装流程，并进行免费发布。

开发智能元件检索工具，加速生物元件数据、实物和设计工具的会聚，并为生物元件的设计原则提供大数据学习；利用区块链技术的优势，对生物元件数据库进行去中心化管理；对已有的软件共享机制进行汇总和优化，结合生物元件特征制定合理的共享协议。

利用深度学习技术从生物反应大数据和基因线路大数据中提取特征，结合基因线路人工设计经验提供先验知识，通过神经网络结构搜索技术检索适合的神经网络模型用于对生物反应类型和反应规律的预测。对代谢数据库中的生化反应，基于催化元件、反应物、产物结构相似性进行聚类，同时提取反应级联信息，构建生物反应途径图网络模型，为新颖基因线路的设计提供依据。

在设计软件中增加影响基因线路的因素，并且能够对这些因素进行选择和调节；建立基因线路设计软件与自动化组装设备的对接接口。

（2）基因线路组装与适配的自动化

现有技术：使用体外技术（如吉布森组装）和体内技术（酵母介导的同源重组）可实现 10 kb 以上 DNA 片段组装[10]。利用 CRISPR 技术能够快速构建目标基因线路，以 100%的效率同时编辑 12 个等位基因或同时实现多个基因的激活、干扰和敲除。目前，利用 CRISPR 技术在酿酒酵母中能够在 5~8 个位点同时进行基因的插入[11]。

目标与突破点：实现基因线路智能化、自动化地进行精确且高效的组装；基因线路与底盘细胞相容、正交、稳健地高效适配。

瓶颈：当前基因编辑技术的性能限制，以及外源基因与宿主的适配性差；导致 DNA 组装困难的序列规律及其作用机制尚不清晰；基因线路组装过程纠错的基本原理不清晰；当前基因编辑技术的性能限制，以及外源基因与宿主的适配性。缺乏高效的自动化组装平台技术；基因线路组装过程纠错的基本原理不清晰。

基因线路整合位点与基因表达水平的相互关系及调控机制不清，基因线路能否在多物种中发挥功能主要取决于其调节元件的通用性。目前缺乏选择底盘细胞的指导原则；基因线路存在与底盘细胞不适配、遗传稳定性差等问题；非模式生物的基因组信息、基因编辑工具不完善；对调节元件的通用性的设计及表征不完整；选择底盘细胞一般依靠专家经验的方式；工程细胞进化效率低，耗费人力。

近期：具有 10 个以上基因的基因线路在模式宿主全基因组范围内进行一步组装，同时不发生脱靶效应；整合机器学习，识别容易产生问题、难以整合的序列并给出优化建议；开发基因线路组装过程的纠错方法，提高组装准确度。

在模式生物中进行多位点的定量、特异性的基因线路整合；开发在多物种中稳定、高效表达的通用型基因线路，以及与基因线路适配的底盘细胞快速筛选方法、

基因线路与底盘细胞适配的细胞快速进化方法。

至 2030 年：具有 20 个及以上基因的基因线路在模式宿主全基因组范围内进行一步组装，同时不发生脱靶效应；整合机器学习，构建自动化组装平台，根据优化建议，实现基因线路自动组装；实现基因线路组装过程的自动纠错。

在非模式生物中进行多位点的定量、特异性整合；开发在任何物种中稳定、高效表达的通用型基因线路；应用人工智能筛选与基因线路适配性最佳的底盘细胞；开发基因线路与底盘细胞适配的细胞智能进化方法。

潜在解决方案

改进的碱基编辑酶使其涵盖所有可能的 PAM 序列，或者挖掘新型无需 PAM 序列的碱基编辑酶；深入理解核酸转化、基因编辑、外源基因插入和宿主 DNA 修复的相互作用，提高外源基因与宿主的适配性；通过机器学习算法对导致 DNA 组装效率低下的 DNA 序列进行预测和识别，给出适合 DNA 组装的高效接口序列；开发低成本的 DNA 片段超长序列读取方法；利用基因组编辑工具等高特异性核酶开发新型核酸组装方法，并阐明基因线路组装过程纠错的基本原理。

挖掘高效整合位点和引导序列，深入理解基因编辑、外源基因插入和宿主 DNA 修复的相互作用，提高外源基因与宿主的适配性；开发低脱靶效应甚至无脱靶效应的基因组编辑工具；整合不同功能的硬件模块，开发高效的自动化核酸组装平台技术；阐明基因线路组装过程纠错的基本原理；构建基因线路组装过程纠错新技术。

建立基因线路整合位点库，解析整合位点与基因组结构、基因表达水平的定量关系；建立遗传和表观遗传机制的监测和时空调控方法。开发多物种间通用的、稳定的调节元件，初步阐明生物元件在不同物种中的识别和工作机制；结合多组学数据建立底盘细胞代谢背景文库，对代谢流进行量化；建立在不同底盘细胞中快速构建目标基因线路的高通量方法；建立工程细胞的快速进化方法或生长与生产偶联方法，提高基因线路与底盘细胞的适配性。

完善非模式生物的基因组信息和基因编辑工具，建立重要非模式生物的整合位点库；开发物种间通用的、稳定的调节元件，阐明生物元件在不同物种中的识别和工作机制；基于底盘细胞数据库及人工智能建立可预测和评价最适底盘细胞的算法与软件。通过基因编辑等工具建立全局或局部加速进化技术，建立工程细胞的自主智能进化方法和策略，实现在无人工干预下工程细胞的自主进化。

3.4.5　小　　结

　　针对目前基因线路设计缺少标准化生物元件、可视化设计软件，以及基因线路组装缺少高效、自动化方法等问题，未来将在感受器与逻辑门线路的高效设计、基因线路的智能自动化设计、基因线路的智能化与自动化精确高效组装，以及基因线路与底盘细胞相容、正交、稳健地高效适配等方面进行技术突破，实现基因线路工程方向的技术发展。

参 考 文 献

[1] Segler M H, Preuss M, Waller M P. Planning chemical syntheses with deep neural networks and symbolic AI. Nature, 2018, 555(7698): 604-610.

[2] Granda J M, Donina L, Dragone V, et al. Controlling an organic synthesis robot with machine learning to search for new reactivity. Nature, 2018, 559(7714): 377-381.

[3] Lian J, HamediRad M, Hu S, et al. Combinatorial metabolic engineering using an orthogonal tri-functional CRISPR system. Nature Communications, 2017, 8(1): 1-9.

[4] Hadadi N, Hatzimanikatis V. Design of computational retrobiosynthesis tools for the design of de novo synthetic pathways. Current Opinion In Chemical Biology, 2015, 28: 99-104.

[5] Yim H, Haselbeck R, Niu W, et al. Metabolic engineering of *Escherichia coli* for direct production of 1, 4-butanediol. Nature Chemical Biology, 2011, 7(7): 445-452.

[6] Moriya Y, Shigemizu D, Hattori M, et al. PathPred: an enzyme-catalyzed metabolic pathway prediction server. Nucleic Acids Research, 2010, 38: W138-W143.

[7] Koch M, Duigou T, Faulon J L. Reinforcement learning for bioretrosynthesis. ACS Synthetic Biology, 2019, 9(1): 157-168.

[8] Chen Y, Zhang S, Young E M, et al. Genetic circuit design automation for yeast. Nat Microbiol, 2020, 5(11): 1349-1360.

[9] Li J, Kolberg K, Schlecht U, et al. A biosensor-based approach reveals links between efflux pump expression and cell cycle regulation in pleiotropic drug resistance of yeast. J Biol Chem, 2019, 294(4): 1257-1266.

[10] Shao Z, Zhao H, Zhao H. DNA assembler, an in vivo genetic method for rapid construction of biochemical pathways. Nucleic Acids Research, 2008, 37(2): e16-e16.

[11] Lian J, Bao Z, Hu S, et al. Engineered CRISPR/Cas9 system for multiplex genome engineering of polyploid industrial yeast strains. Biotechnology and Bioengineering, 2018, 115(6): 1630-1635.

底盘细胞

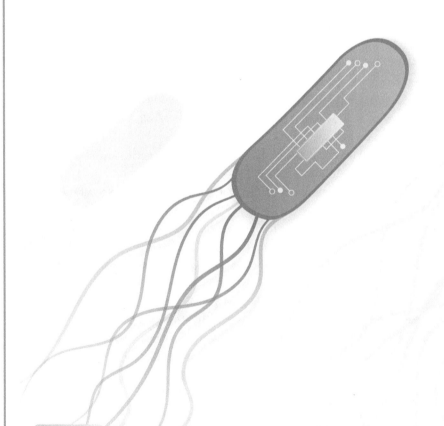

编写人员　魏　平　宋　浩　叶海峰　王　勇

3.5 底盘细胞

3.5.1 摘 要

底盘细胞是合成生物学实现功能的基本形式，为人工构建的基因线路、功能分子、细胞器、基因组等各个生命层次提供了能够自我繁殖、遗传与进化的活性生物化学环境，同时也是合成生物技术在工业、医疗等重要经济生产过程中的主要工程改造对象。底盘细胞工程包括微生物细胞、哺乳动物细胞、植物细胞三种主要类型，并根据工业生产、医疗健康的不同应用场景特性进行工程改造。尽管底盘细胞工程具有较好的生物工程技术基础，但是当前仍面临遗传操作技术手段低效、基因元件工具缺乏、细胞分子生理机制尚不清楚等挑战。未来至2030年合成集中突破几类技术，将显著提高当前工业、环境、能源及医疗领域的产业化能力。

3.5.2 技 术 简 介

（1）底盘细胞的基本要素

理想的底盘细胞需具备以下基本要素。①易培养：在较低成本的培养条件下，能够快速、高效地繁殖；②易改造：能够通过便捷的分子遗传技术对其基因组或其他遗传物质进行外源基因的递送、重构或编辑；③可调控：能够通过生物、物理或化学技术手段进行外部调控，提高细胞的智能性和安全可靠性；④高产能：对目标小分子、多糖、油脂或蛋白类产品的合成生产具有特定优化的遗传代谢系统；⑤环境适配性：对于不同的活体细胞应用场景，能够进行可控的细胞增殖及功能释放，且对环境友好；⑥安全性：能够稳定、可靠地执行工程化所赋予的功能，避免遗传扩散、基因外泄等问题，以及因遗传不稳定性带来的异变等副作用。

（2）工业微生物底盘细胞工程技术

面向构建微生物细胞工厂的需求，工业微生物底盘细胞需要具有能利用低价值可再生碳源、高目标产率、高发酵稳定性、易于放大、容易在基因组水平上进行理性设计和优化改造的特征。利用合成生物学策略设计构建工业微生物底盘细胞，包括大肠杆菌、枯草芽孢杆菌、谷氨酸棒杆菌、酵母菌（如酿酒酵母、产油酵母等等）、原核蓝细菌和真核微藻等，能够高效利用第一代有机碳源（如葡萄糖等）、第二代糖源（如木质纤维素等）和第三代一碳碳源（如二氧化碳、一氧化碳、甲烷等一碳化合物等）。为了设计构建高效率的工业微生物底盘细胞，需要针对工业微生物代谢调控的需求，利用理性设计和基于大数据的机器学习方法设计，构建与底盘细胞适配的生物元器件和调控策略，从而构建高效的合成代谢途径及高效微生物细胞工厂，实现平台化合物和天然产物等高价值产品的高产率合成[1~4]。

（3）医用微生物底盘细胞工程技术

相对于动植物细胞，微生物基因构成简单、遗传操作简便、生长速度快、容易进行大规模培养，是合成生物学设计与构建人工生物细胞的良好底盘。其中，益生菌和活体微藻因其对人类健康天然的促进作用，可作为医用微生物底盘细胞，通过置入功能化生物系统模块进一步用于疾病诊断与药物精准可控递送[5,6]。此外，部分微生物具有肿瘤组织趋向定植特性及天然的肿瘤抑制效果，在肿瘤诊疗方面具有极大的应用潜力，是肿瘤活细胞药物工厂底盘细胞的良好选择[7,8]。然而，底盘微生物细胞的基因组经过优化或引入全新的功能化生物系统模块后，其遗传稳定性和生物安全性均具有一定的不确定性。通过合成生物学技术打造免疫原性低、组织特异性靶向、命运可控、性能稳定、对机体和环境的生态平衡及生物多样性发展无影响的医用微生物底盘细胞，是发展微生物疗法、实现疾病在体外诊疗一体化的重要前提。

（4）哺乳动物底盘细胞工程技术

哺乳动物细胞工程因其分子遗传操作手段低效、各类工具缺乏、细胞类型多样，且培养条件要求苛刻、成本高等问题，严重制约了当前基于哺乳动物细胞的生物医药产业发展。工程化哺乳动物细胞主要应用于生物大分子及活体药物相关的医疗健康领域，可简单分为两种类型：一种是用于生产蛋白质、病毒等药物的哺乳动物细胞底盘；另一种是用于体内递送药物、清除或修复体内病灶的活体细胞药物底盘[9]。对于生产型哺乳动物细胞底盘，包括 CHO（Chinese Hamster Ovary cell，中国仓鼠卵巢细胞）、293T 等细胞系，建立简单高效的细胞分子遗传操作技术和工具、提高细胞培养的效率、降低细胞的培养成本、提高蛋白质及病毒的产量，是其实现医药工业产业价值的重要目标。对于活体细胞药物底盘，包括免疫细胞、干细胞等人体细胞，要想实现作为蛋白类药物的递送或者靶细胞的杀伤及组织修复等功能，需要在深入理解基本细胞生物学功能调控机制的前提下，对细胞的增殖、分化、凋亡及运动等行为进行人工强化或外部调控，因此亟须发展具有低免疫原性、可异体移植及体外大规模扩增的底盘细胞技术[10]。

（5）植物底盘细胞工程技术

植物细胞（包括高等植物细胞和低等藻类细胞）与其他底盘细胞相比具有独特的优势：植物仅以二氧化碳和水为原料，经光合作用就可以合成各类复杂的代谢产物，而无需高耗能、高耗氧的发酵过程；植物底盘可以突破异养微生物底盘对细胞色素 P450 酶表达性差、对活性产物耐受性差的局限性；植物容易在室内和大田大规模种植，可以不断进行无性生长（不开花植物可以无限产生新叶片）与繁殖，生物量大，适合于廉价大规模生产；植物不移动，容易隔离，不带人体病原菌，安全性高；作为具有细胞多样性的一类生物（包括单细胞、多细胞群体、简单或具有复杂分化的多细胞生物），植物底盘本身的复杂功能分区化、不同器官和组织的精细化分工与协作，以及为适应和利用环境而进化的特殊器官与组织（如固氮的根瘤和高效进行光合作用的 C4 叶片结构），都为实现复杂功能人工设计提供了可能。植物的种类繁多，涉及从低等植物到高等植物各种不同的类型，这带来多元开发合成生物系统的可能性。然而，目前仅有小部分植物建立了遗传操作系统，许多植物生长较为缓慢，倍性复杂，再生困难，含多样复杂的代谢物，使得对这些植物细胞进行工程化设计与操作存在一些技术上的难题[11]。目前应针对一些容易遗传操作、基础研究积累充分、生长快速、遗传背景简单的模式植物（如烟草、水稻、大豆、番茄、杨树等）开展植物底盘细胞的研发。

3.5.3 路线图

当前水平

已发展主要工业菌种、哺乳动物细胞系等核心技术和专利，并在医用领域拓展了微生物底盘细胞。

目标 1：工程改造关键工业微生物细胞底盘

突破能力	近期进展	至 2030 年进展
工程化改造关键工业微生物底盘细胞，高效利用各种简单碳源	• 依据目标需求改造细胞代谢网络，通过基因组重构、编辑等技术构建不同的简化型底盘细胞	• 设计与底盘细胞适配的生物元器件和调控策略 • 构建微生物细胞工厂，以及与之适配的生物制造体系（包括下一代生物反应器和工艺技术等）
构建工业微生物细胞工厂，高效合成各种高价值化合物	• 建立工业微生物底盘细胞的转录、翻译调控元件和基因组水平的编辑工具 • 建立核心限速酶工具平台，实现微生物底盘细胞的生理代谢改造和功能适配	• 建成工业微生物底盘细胞设计与构建的计算平台及实验平台，实现底盘细胞的全基因组修饰和人工合成 • 开发微生物底盘细胞能量与物质代谢耦合、还原力平衡等技术，促进代谢物高效定向合成 • 设计构建 15～20 种不同的微生物底盘细胞，实现微生物细胞工厂的中试和规模化生产

目标 2：构建通用型医用微生物细胞底盘

突破能力	近期进展	至 2030 年进展
构建医用微生物底盘细胞库	• 根据不同类型疾病需求挖掘具有医学应用价值的人体共生、益生微生物，构建底盘微生物细胞库	• 对底盘微生物进行工程改造，开发基因组成简单、免疫原性低、安全可靠的活体药物载体
构建智能传感微生物底盘细胞	• 开发安全、精准、灵敏度高，正交性好的基因开关与生物传感控制系统与时空可控的蛋白快速释放系统	• 构建生长密度可控、蛋白表达与释放可调，使用场景个性化适配的工程化微生物底盘细胞

目标 3：开发工业发酵与细胞治疗用的哺乳动物细胞底盘

突破能力	近期进展	至 2030 年进展
高效生产型哺乳动物底盘细胞	结合基因组工程、启动子设计等技术，发展异源蛋白高效表达细胞系，显著提高基因转染、整合及调控的效率和便捷度，提高细胞的生长速率及抗污染能力	系统性优化细胞的遗传与代谢系统，构建细胞分方向的特定发酵底盘细胞，发展无血清细胞培养与发酵技术，提高蛋白质量和产量、病毒载体等产安全性安全可靠量
通用型医用活体药物底盘细胞	形成标准化的细胞工程改造遗传操作技术平台；发展对细胞运动、分化、增殖、凋亡等细胞基本功能的调控技术；发展能够外部控制、自主控制的智能型细胞药物底盘	基本实现 2~3 类货架式的活体细胞药物底盘；可规模化生产与扩增，实现体内精准靶向且安全性可靠

目标 4：开发高性能植物细胞底盘

突破能力	近期进展	至 2030 年进展
通用型植物底盘的开发	高效率植物底盘（包括高等植物和藻类细胞）遗传转化、基因编辑方法的开发；对已有高效转化系统的植物底盘细胞（如大豆的子叶细胞、水稻的胚乳细胞、烟草的毛状体细胞）进行遗传改造，进一步提高其蛋白质的合成和积累潜力	利用新一代遗传转化和基因编辑技术，设计和构建生长迅速、容易大面积种植且可代谢物的植物底盘；完善现有植物底盘通用细胞系统，达到可工厂化效果
植物底盘线路工程及植物细胞工厂	植物细胞线路工程的设计与测试；蛋白质表达、分选、修饰及运输工程；精细代谢途径工程	可精准满足不同应用场景的线路工程复杂蛋白质及代谢物的植物细胞生产；设计构建 3~5 种光合微藻底盘细胞和 8~10 个高附加值生物活性物质，实现微藻细胞工厂的中试和规模化生产

图 1 底盘细胞工程技术路线图

103

3.5.4 技 术 路 径

（1）工程改造关键工业微生物细胞底盘

现有技术： 为构建高效微生物细胞工厂、实现高价值化学品合成，应开发高通量筛选技术以获得高效天然工业微生物底盘细胞，并且通过全基因组水平上的代谢通量模型，理性设计构建微生物底盘细胞代谢通路，获得能够利用各种碳源（如葡萄糖、木糖、木质纤维素、二氧化碳等）的高效工业微生物细胞，构建高产多种高价值产品（如平台化合物、能源产品、天然产物、蛋白药物等）的细胞工厂。此外，应发展不同的底盘细胞，如细菌（包括大肠杆菌、枯草芽孢杆菌、谷棒杆菌等）、真菌（包括酵母和放线菌等）、光合自养微生物（包括真核微藻、蓝细菌等），充分利用自然界的物种资源宝库，合理改造出不同用途的工业底盘微生物细胞。

目标与突破点： 工程化改造工业微生物底盘细胞，高效利用各种碳源；构建工业微生物细胞工厂，高效合成各种高价值化合物，包括小分子产物（天然产物、手性药物、平台化合物、生物燃料等）、大分子产物（蛋白药物、酶、功能脂质、高分子聚合物等）；设计构建 15～20 种不同的微生物底盘细胞，实现微生物细胞工厂的中试和规模化生产。

瓶颈： 目前的微生物底盘细胞缺乏对各种碳源高效利用的代谢通路，而光合自养微藻和蓝细菌的光能转化效率，以及原初光合产物向具高附加值化合物的转化效率都较低；底盘细胞与工程化的生物元器件缺乏适配性，且缺乏与微生物细胞工厂适配的颠覆性生物制造设备和工艺技术。

缺乏在微生物底盘细胞中进行生物元器件组装和对代谢途径的动态调控能力；工业微生物底盘细胞内的物质和能量代谢不匹配，限制了微生物细胞工厂合成产品的效率。

近期： 依据目标需求改造细胞代谢网络，通过基因组重构、编辑等技术构建不同的简化型底盘细胞；开发高效基因元器件，构建目标产物高效、定向合成途径的设计、组装和动态调控策略。

至 2030 年： 设计与底盘细胞适配的生物元器件和调控策略，构建微生物细胞工厂；强化目标产品合成代谢通路中的物质与能量代谢、胞内还原力匹配，并解决外源引入的代谢通路与底盘细胞间的适配问题，实现细胞内资源的合理分配，从而实现目标产品的高效合成。

潜在解决方案

通过构建全基因组水平上的代谢通量模型,理性设计微生物底盘细胞代谢通路,用于代谢途径设计;开发微生物底盘细胞中代谢途径的精确调控技术和策略;研究微藻和蓝细菌底盘对不同波长光的感知与信号转导、不同光质和碳源对光合作用强度及效率的影响;通过对中心碳代谢途径的理性设计,促进光合碳同化向具高附加值目标产物的定向合成与积累。

利用理性设计和基于大数据的机器学习方法设计构建与底盘细胞适配的生物元器件和调控策略,实现高效微生物细胞工厂,并建立与高效微生物细胞工厂适配的先进生物制造设备与工艺体系。

针对底盘生物发展相应的、具有强度梯度和适配性的调控元器件库(启动子水平、中级调控水平、全局调控水平),并实现组装和调试。通过建立微生物底盘细胞的转录、翻译调控元件和基因组水平的编辑工具,以及核心限速酶机器学习、进化、筛选等工具平台,实现微生物底盘细胞的生理代谢改造和功能适配。

建成工业底盘微生物细胞设计与构建的计算平台和实验平台,完成底盘微生物细胞的全基因组修饰和人工合成;实现功能元器件与底盘细胞之间的互作模拟及双向优化;开发微生物底盘细胞能量与物质代谢耦合、还原力平衡等技术,促进代谢物高效定向合成;完善基于合成生物学的生物系统的设计和改造技术体系。

(2)构建通用型医用微生物细胞底盘

现有技术: 目前,微生物在医药领域的应用仍集中于生物反应器发酵生产活性功能物质。随着对微生物组与人类健康关系认识的不断深入,利用微生物制剂改善健康状况、治疗疾病成为近年来的研究热点。目前唯一经 FDA 批准的微生物疗法是采用粪菌移植治疗艰难梭菌感染,但因其缺乏明确的作用机制而未得到广泛推广。利用合成生物技术对微生物细胞进行理性改造与精确控制是利用微生物实现疾病个性化治疗的关键,其中,医用微生物底盘细胞的选择至关重要。目前的研究多采用有限的模式菌株进行工程改造,其作为活体药物的安全性与稳定性不足。此外,为实现医用微生物的组织特异性靶向、药物释放快速可控等,将基因编辑、代谢工程等技术应用于微生物细胞定向改造,但仍缺乏普适性高、高度智能可控的底盘细胞与调控系统。

目标与突破点:构建医用微生物底盘细胞库;构建智能传感微生物底盘细胞。

瓶颈:目前的医用微生物细胞底盘多局限于模式微生物底盘,缺少通用型和个性化的医用微生物底盘;微生物底盘免疫原性差、性能不稳定;目前的基因表达调控仅局限于一些常见小分子调控系统;细胞行为可控性差,易受复杂生理条件干扰。

近期:根据不同类型疾病需求挖掘具有医学应用价值的人体共生、益生微生物,构建底盘微生物细胞库,开发安全、精准、灵敏度高、正交性好的基因开关控制系统,以及时空可控的蛋白质快速释放系统。

至 2030 年:对底盘微生物进行工程改造,开发基因组组成简单、免疫原性低的活体药物载体;构建生长密度可控、蛋白表达与释放可调、使用场景个性化适配的工程化微生物底盘细胞。

潜在解决方案

从人体样本中分离、鉴定具有医学应用价值和改造潜力的人体共生、益生微生物作为底盘微生物。

利用基因编辑与代谢工程技术对底盘细胞的基因组和代谢网络进行改造,简化内生网络,提高安全性与稳定性。

借助生物信息筛查与高通量筛选技术挖掘并构建使能技术元件库,开发绿色健康小分子、生理标志物、代谢物,以及光、电、磁等信号的生物传感器。

通过合理设计与组装调控元件,引入具有多调节器的逻辑门基因线路;结合计算机模拟辅助与蛋白定向进化技术,开发集高抗逆性与高灵敏度感知生理代谢指标、病灶微环境、疾病标志物等功能为一体的智能传感微生物细胞。

(3)开发工业发酵与细胞治疗用哺乳动物细胞底盘

现有技术:哺乳动物细胞目前主要的应用场景集中在医药及健康领域。以 CHO、293F 等工程改造的底盘细胞,为抗体、细胞因子等蛋白质药物的发酵生产提供了重要的工业基础。近年来,包括间充质干细胞以及 CAR-T、CAR-NK 在内的免疫细胞,已经成为当前抗肿瘤、神经退行性疾病、衰老的新兴技术和医药研发方向[12,13]。

目标与突破点：高效生产型哺乳动物细胞底盘；通用型医用活体药物底盘细胞。

瓶颈：缺乏各类基因调控元件，以及对细胞生理分子机制的理解；缺乏高效的遗传操作技术手段；对细胞代谢系统与环境营养的关系和分子机制不明；缺乏蛋白质工具元件，对人体原代细胞的趋化运动及增殖分化的细胞生物学机制尚不清晰；对细胞的免疫原性的认知有限；细胞大规模培养及定向分化能力缺乏。

近期：结合基因组工程、启动子设计等技术，发展异源蛋白高效表达细胞系，显著提高基因转染、整合及调控的效率和便捷度，提高细胞的生长及抗污染等能力；形成标准化的细胞工程改造遗传操作技术平台，发展对细胞运动、增殖、分化、凋亡等基本功能的调控技术，发展能够外部控制、自主控制的智能型细胞药物底盘。

至 2030 年：系统性优化细胞的遗传与代谢系统，构建细分方向的特定发酵底盘细胞，无血清细胞培养与发酵技术，极大提高蛋白质药物、病毒载体等的生产安全性和产量；基本实现 2～3 类货架式的活体细胞药物底盘规模化生产与扩增，实现体内精准靶向且安全可靠。

潜在解决方案

发展细胞培养、设计和改造的自动化技术，设计、构建和鉴定启动子与终止子，以及基因重组、整合、转录、翻译、调控的工具元件；鉴定和改造理想的基因组整合位点；发展哺乳动物细胞的自复制质粒系统。

解析细胞增殖与营养代谢的关系，结合高通量技术与基因编辑手段，系统性地筛选和鉴定在不同培养条件下高效增殖及生产的细胞系，人工赋能细胞可控的营养代谢能力。

发展高通量、自动化哺乳动物细胞和人体原代细胞获取与培养改造的关键技术；基于基因编辑技术，大规模设计和鉴定细胞培养的营养与细胞因子条件；设计人工细胞因子和人工细胞因子受体，实现对细胞增殖、分化过程的正交调控。

运用高通量基因编辑技术，系统性地构建并鉴定主要细胞免疫原，解析人工细胞体内定位的规律，设计细胞安全开关；发展哺乳细胞基因线路设计理论和方法，构建功能基因线路，赋能细胞底盘的环境识别与适应能力，实现智能化、精确性、人工可控的体内抗疾病功能。

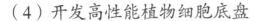

（4）开发高性能植物细胞底盘

现有技术：植物类型繁多，从单细胞的绿藻到巨大的千年红木，具有特殊功能的组织与器官用于适应和利用各种自然环境条件，为开发植物底盘细胞提供了许多可能性和潜力。然而，与单细胞的微生物体系相比，植物体系的遗传操作技术发展相对滞后，主要问题在于遗传转化与植物再生过程比较缓慢，且只有一小部分植物在被外源基因转化的同时能再生。许多植物的生命存在周期长、倍性复杂、转化与再生困难、发育性状和代谢性状种类多样且复杂的问题，因此，对这些植物细胞进行工程化设计与操作存在很多技术上的难题。近年来，植物遗传改造和外源基因转化研究已有许多重要进展。例如，烟草叶片或原生质体高效瞬时表达体系已成熟，可用来快速测试大量不同表达载体、元件和线路；通过农杆菌稳定导入外源基因已是非常成熟的技术，可高效用于从低等植物（如地钱）到树木（如杨树）等各类植物。已有 10 多类模式植物（如绿藻、地钱、烟草、水稻、大豆、玉米、油菜、杨树等）具有高效的遗传操作体系。基于 CRISPR 方法的各种基因编辑技术（包括定点基因敲除、基因激活、单碱基编辑）已在这些模式植物中有效应用，但有些植物无法被农杆菌侵染或不可再生，限制了基于农杆菌介导的基因导入技术的更广泛应用；高效的单碱基基因编辑难度较大，仅限于个别植物。目前，通过多学科交叉，已经发展了一些新的基因转化方法，如纳米管外源基因转化、叶绿体工程等技术[11,14]，但这些方法只是在少数植物体系中得到了验证，其方法适用的普遍性和效率仍有待提升。

目标与突破点：通用高效外源基因转化、精准遗传操作及植物再生技术；植物底盘线路工程及植物细胞工厂。

瓶颈：通用高效外源基因转化和精准遗传操作是该领域迫切需要突破的技术点。植物细胞生物学、系统生物学、生物化学等基础研究还不够。例如，个别蛋白质可以在豆科植物的子叶中大量稳定积累的机制还不是很清楚，缺乏大规模标准化元件测试的方法和平台，植物本身的多样性为解决研究这些问题提供了机遇，但仍需加强基础研究投入[15]；复杂异源药物蛋白在植物细胞中的功能修饰与组装潜在问题尚未完全解决；大规模的蛋白质和小分子纯化技术与能力缺乏。

近期：建立一系列分别适合于高效生产异源药物蛋白和植物源小分子药物的植物细胞底盘体系，例如，用大豆子叶细胞和烟草叶片表皮毛状体分别生产蛋白质和小分子药物，构建异源蛋白高表达及正确修饰和转运体系，构建代谢途径相关酶的高表达及转运体系，建立小分子药物合成细胞器体系（如质体）和转运体系（如液泡）。

至 2030 年：基本实现两类货架式的植物细胞底盘分别生产蛋白质与小分子药物，可规模化生产与提纯，完成药物在模式体系的测试和临床初试。

潜在解决方案

利用纳米材料等学科的优势，开发新一代高效率外源基因转化方法；深入研究农杆菌侵染植物的机理，发现限制农杆菌对植物普遍侵染的因素，以实现该基因转化技术的普遍应用；阐明该机理将克服有效植物再生的技术瓶颈。

利用瞬时表达工具，测试一系列有潜力用于高效生产异源药物蛋白和植物源小分子药物的植物细胞体系，分别选定两种细胞底盘，通过稳定遗传改造，改善这些底盘细胞的生产能力与效率；结合瞬时表达与稳定表达体系，加强不同植物底盘中元件的大规模开发及测试方法和标准的研究；加强植物细胞生物学及次级代谢生物化学的基础研究。

利用瞬时表达体系，测试各种哺乳动物细胞的蛋白质修饰与组装元件在植物细胞中的表达和功能；开展大规模纯化研究及平台建设。

3.5.5 小　　结

底盘细胞是行使合成生物学功能的基础部分。系统性开展微生物、植物、哺乳动物细胞等不同层次、不同应用出口的底盘细胞工程化改造，具有极大的科学与工程意义。这些研究不仅需要融汇多学科交叉的新理论、新技术，还需要对细胞的生长、增殖、分裂、分化等要素充分理解，才能实施有效的底盘细胞构建和优化改造。底盘细胞的技术突破同时也能够为探索人工细胞的设计，以及理解生命与非生命的内涵提供研究路径和技术手段。

参 考 文 献

[1] Srinivasan P, Smolke C D. Biosynthesis of medicinal tropane alkaloids in yeast. Nature, 2020,

585(7826): 614-619.

[2] Keasling J, Garcia Martin H, Lee T S, et al. Microbial production of advanced biofuels. Nat Rev Microbiol, 2021, 19(11): 701-715.

[3] Courdavault V, O'connor S E, Jensen M K, et al. Metabolic engineering for plant natural products biosynthesis: new procedures, concrete achievements and remaining limits. Nat Prod Rep, 2021, 38(12): 2145-2153.

[4] Liew F E, Nogle R, Abdalla T, et al. Carbon-negative production of acetone and isopropanol by gas fermentation at industrial pilot scale. Nat Biotechnol, 2022, 40(3): 335-344.

[5] Steidler L, Hans W, Schotte L, et al. Treatment of murine colitis by *Lactococcus lactis* secreting interleukin-10. Science, 2000, 289(5483): 1352-1355.

[6] Riglar D T, Silver P A. Engineering bacteria for diagnostic and therapeutic applications. Nat Rev Microbiol, 2018, 16(4): 214-225.

[7] Zhou S, Gravekamp C, Bermudes D, et al. Tumour-targeting bacteria engineered to fight cancer. Nat Rev Cancer, 2018, 18(12): 727-743.

[8] Zhong D, Zhang D, Chen W, et al. Orally deliverable strategy based on microalgal biomass for intestinal disease treatment. Sci Adv, 2021, 7(48): eabi9265.

[9] Cubillos-Ruiz A, Guo T, Sokolovska A, et al. Engineering living therapeutics with synthetic biology. Nat Rev Drug Discov, 2021, 20(12): 941-960.

[10] Mansouri M, Fussenegger M. Therapeutic cell engineering: designing programmable synthetic genetic circuits in mammalian cells. Protein Cell, 2022, 13(7): 476-489.

[11] Liu W, Stewart C N Jr. Plant synthetic biology. Trends Plant Sci, 2015, 20(5): 309-317.

[12] Kitada T, Diandreth B, Teague B, et al. Programming gene and engineered-cell therapies with synthetic biology. Science, 2018, 359(6376): eaad1067.

[13] Saez-Ibanez A R, Upadhaya S, Partridge T, et al. Landscape of cancer cell therapies: trends and real-world data. Nat Rev Drug Discov, 2022, 21(9): 631-632.

[14] Wright R C, Nemhauser J. Plant synthetic biology: Quantifying the "known unknowns" and discovering the "unknown unknowns". Plant Physiol, 2019, 179(3): 885-893.

[15] Andres J, Blomeier T, Zurbriggen M D. synthetic switches and regulatory circuits in plants. Plant Physiol, 2019, 179(3): 862-884.

无细胞体系

生物基产品

无细胞体系

编写人员 王钦宏 游 淳 卢 元 李 健 石家福

3.6 无细胞体系

3.6.1 摘　要

无细胞体系是使用必要的催化元件或者细胞提取液进行复杂的生物转化的使能技术,可用于揭示生物学基础原理,实施合成生物制造,有望在食品、医药、传感、材料等领域发挥重要作用。然而,由于关键元件性能不足、细胞提取液的标准化制备方法缺失、产物对反应的抑制和大数据集数量的限制,无细胞体系难以实现规模化放大。因此,需要提升关键元件性能,完善各组分之间的适配优化,推进体系的标准化与工程化。

3.6.2 技术简介

无细胞体系利用酶和辅因子等相应的活性组分,在细胞外组装并进行复杂的生物化学反应,从而实现相应的生物过程。该体系正在成为理解、利用和扩展自然生物系统能力的一种重要手段,可分为基于多酶级联催化和基于细胞提取液的无细胞体系。

（1）基于多酶级联催化的无细胞体系

多酶级联催化的无细胞体系是设计人工生物催化新路线并在体外组装酶元件和模块,进行复杂的生物化学反应来实现合成生物制造。与基于微生物细胞的合成生物制造系统相比,基于多酶级联催化的无细胞体系具有副反应少、产品得率高、反应速度快、产品易分离、环境耐受性强、系统可操作性大等优点。随着生物大数据的不断发展,新的酶催化路径和酶催化功能不断被鉴定,无细胞体系在合成生物制造领域展现出日益增强的竞争力。然而,基于多酶级联催化的无细胞体系仍然存在发展瓶颈,具体包括:如何利用大数据和人工智能预测酶路径和酶功能?如何快速确定多酶催化路径的酶组合和酶载量?如何提高酶的稳定性和活性,以及实现高效表达生产?如何提高涉及能量供给的辅酶稳定性,以及解除底物和有毒产物对体系的抑制?

（2）基于细胞提取液的无细胞体系

　　基于细胞提取液的无细胞体系主要利用细胞提取液进行转录、翻译等相关活动，实现目的蛋白质的体外合成，尤其可以实现膜蛋白及毒性蛋白的高效制备。该体系已被用于验证遗传回路和代谢途径、开发便携式诊断、促进生物分子制造、大规模生产抗体试剂等，同时在生命科学的基础研究中也发挥了重要作用，如发现三联密码子遗传信息等。然而，基于细胞提取液的无细胞体系仍然存在发展瓶颈，具体包括：如何标准化获取细胞提取液，以及提升细胞提取液的稳定性？如何建立大型数据集和定量模型，预测无细胞体系和细胞体系之间的关联性？如何基于遗传基因编码的生物传感器设计原则，满足便携式和按需合成等工程合理化要求，实现食品、水甚至能源的安全高效供给？如何利用该体系合成糖蛋白等复杂蛋白质，以及实现复合制剂和疫苗等的高效生产？

3.6.3 路 线 图

当前水平

基于文献的酶数据库完整，逆合成分析较成熟，开发了多个途径设计软件，利用数据和数学模型进行酶适配以用量的体系目前以数学模型为主；主要通过基因挖掘改造和提高酶的稳定性；采用蛋白质量改造和多酶复合体构建等手段降低底物抑制，提高反应效率；主要采用底物磷酸化和葡萄糖等物质进行辅酶再生。

目标 1: 多酶级联催化路径的智能化设计

突破能力	近期进展	至 2030 年进展
促进路径智能化设计	• 开发自然语言处理和机器学习方法获得新酶催化路径 • 整合更多新功能酶，设计更多新颖和独特性的多酶催化途径	• 利用人工智能，根据序列预测酶功能 • 利用人工智能指导酶改造，实现多酶途径的工程设计

目标 2: 多酶级联催化路径快速适配

突破能力	近期进展	至 2030 年进展
实现路径快速适配	• 建立酶催化的定量模型，对酶的动力学常数进行快速鉴定 • 解析酶-底物杂乱性的量化关系	• 开发反应路径优化工具，用于支撑多酶路径适配过程 • 对酶组合进行快速确定，2~3 种产品在工业环境下的转化率超过 90%

目标 3: 新型杂合材料和多酶共固定化方法

突破能力	近期进展	至 2030 年进展
延长运行时间	• 构建高性能、低成本、可定制化的固定化多酶系统 • 实现酶分子在载体材料表面及孔道的精准固定和可控智能组装	• 揭示组装过程结构-活性演变规律，指导优化多酶固定化，固定化的多酶系统可重复使用 50 次以上 • 构建底物富集高效传递等功能集成的定制孔道

目标 4：减少副产物形成和产物对体系的抑制

突破能力	近期进展	至 2030 年进展
提升运行效率	• 开发酶平衡的多酶催化体系 • 开发产品原位移出和溶析策略，从系统中去除抑制剂和产物 • 设计不被副产物及中间产物抑制的新酶	• 解析出酶不稳定性机制 • 设计出在空间上隔离催化剂与抑制剂的体系 • 开发可不断补充催化剂的反应器设计和生物过程，使得系统可稳定运行 30 天以上

目标 5：开发能量和还原力持续再生的代谢模块，提升运行能力

突破能力	近期进展	至 2030 年进展
提升运行能力	• 实现水解氧偶联能量载体和还原力再生 • 构建异质结型光/电催化剂，强化界面电子传递	• 利用无机磷酸根离子再生 ATP • 人工辅酶替代提升氧化还原能力，达到天然辅酶水平 • 杂合酶使辅酶在酶结构的内部循环

图 1　基于多酶级联催化的无细胞体系路线图

当前水平

目前已实现代表性高使用率模式细胞提取液的制造，包括原核细胞（大肠杆菌）、酵母细胞（酿酒酵母）、植物细胞（小麦胚芽）、动物细胞（兔网织红细胞、中国仓鼠卵巢细胞）、昆虫细胞（草地贪夜蛾）等；同时也实现了一定低使用率非模式细胞类型的提取液制造；但是，基于大肠杆菌的细胞提取液仍是最广泛使用的系统。通过无细胞系统元件的选择和优化，能量系统的优化，实现了无细胞系统的有效运行；进一步开发批式和连续操作模式反应装置，解决系统种制性问题，实现了一定规模化无细胞蛋白质合成。根据蛋白质功能需求，尝试了精准糖基化等后修饰工作。

目标 1：实现细胞提取体系的标准化定制化设计

突破能力	近期进展	至 2030 年进展
实现体系的标准化和定制化设计	• 设计标准化细胞制备和提取液制备技术体系，单批次可制备 500 mL 以上细胞提取液 • 扩大适用于无细胞系统的转录、翻译元件库	• 构建可对蛋白质进行可定义糖基化等修饰的无细胞体系，获得 10 种以上后修饰反应体系

目标 2：提升细胞提取体系的运行效率

突破能力	近期进展	至 2030 年进展
提高无细胞提取液的稳定性	• 系统改造和优化酶元件，延长转录、翻译过程的半衰期，体系可稳定运行 5 天以上 • 构建高效稳定的环形或线形 DNA 模板	• 发展高效复杂蛋白质合成的新方法 • 实现天然蛋白质合成和非天然蛋白质的高效正交合成 • 体系可稳定运行 10 天以上

目标 3：开发设计不同类型的反应装置及拓展体系应用范围

突破能力	近期进展	至 2030 年进展
拓展体系应用范围	• 设计反应器，实现高效气液传质、元件协同，批式反应积可达 10~100 L • 构建可便携的按需无细胞合成系统	• 强化蛋白质的高效正确合成，实现工业级高效连续蛋白质合成模式 • 构建出响应光、热、电、磁等物理信号的智能化无细胞体系

目标 4：开发适用规模化生产体系的鲁棒性，提升体系运行能力

突破能力	近期进展	至 2030 年进展
提升体系运行能力	• 发展大体积高压破碎技术，获得大体积细胞提取液 • 利用工业化或规模化质粒制备足量基因模板，达到克级别产量	• 构建基因模板的体外扩大化反应体系 • 设计连续化生物反应器 • 构建可调控、可持续的区化系统

目标 5：提高蛋白质翻译后修饰能力

突破能力	近期进展	至 2030 年进展
提高体外蛋白质翻译后修饰能力	• 构建无内毒素的细胞提取液 • 将相关糖基化酶基因整合入大肠杆菌基因组 • 灵活选用菌株库中不同菌株制备细胞提取液	• 筛选和改造糖基酶功能 • 控制酶催化与寡糖底物等的时空调控 • 设计模块化无细胞体系合成糖基化蛋白

图 2 基于细胞提取液的无细胞体系路线图

3.6.4 技 术 路 径

（1）基于多酶级联催化的无细胞体系

现有技术： 基于多酶级联催化的无细胞体系涉及酶催化路径的设计、酶基因的功能挖掘与筛选、多酶体系的适配和稳定性、辅酶的稳定性和再生方面。利用多酶级联催化的无细胞体系已经高效合成了很多产品，如维生素[1]、稀有糖[2]、淀粉[3]、药物[4]，从淀粉生产肌醇已经实现了工业化。

在酶数据库方面，已有 KEGG、MetaCyC、BioCyC、Brenda、Uniprot 等基于文献的数据库，路径逆合成分析已有多个设计软件，如 BlastKoalA、KAAS、GhostKOALA 和 RAST；在体系适配方面，采用数据和数学模型进行酶比例及用量的体系适配，采用蛋白质限域和多酶复合体构建等手段降低底物抑制率并提高反应效率；在体系稳定性方面，一方面，通过基因挖掘、蛋白质设计、定向进化和酶固定化提高酶的稳定性；另一方面，基于具多孔框架、多孔网络等结构的新型材料，利用原位包埋策略，实现酶分子的稳定包埋及物质传输的精准调控[5,6]；对于辅酶，采用底物磷酸化、天然类囊体[7]等方式进行辅酶再生，利用人工辅酶进行正交反应[8,9]，此外，还可利用淀粉等多糖物质开发磷循环的 ATP 和 NAD(P)H 等再生、利用光电等清洁能源进行辅酶再生[10]。

目标与突破点： 通过构建酶反应方程的数据集，促进多酶级联催化路径的智能化设计；建立酶催化的定量模型，实现多酶级联催化路径快速适配；开发新型杂合材料和多酶共固定化方法，延长运行时间；减少副产物形成和产物对体系的抑制，提升运行效率。开发能量和还原力持续再生的代谢模块，提升运行能力。

瓶颈： 目前酶数据库中包含验证过的路径，难以纳入未验证功能的酶。途径设计软件的性能严格依赖于可获得的酶的质量和数量；从序列预测反应类型和动力学常数仍然困难；缺乏酶的标准参数和酶数据库的通用标准。

多酶催化过程中，酶元件难以精准固定与组装。缺乏酶-载体组装过程中结构-活性的互作模型；扩散-反应动力学适配性差；副产物（无机磷酸盐）的积累会导致金属离子的沉淀，影响系统的效率；酶的不稳定性是该领域技术发展的重大障碍；ATP 及还原性辅酶再生效率较低；天然辅酶容易降解。

近期： 发展高性能的固定化多酶精准构筑方法。对于特定产品，能够快速获得酶级联催化路径；建立酶催化的定量模型，对酶的动力学常数进行快速鉴定；避免副产物产生或所需产物对多酶级联催化反应的抑制；开发光/电等驱动的 ATP 及还原性辅酶的高效再生系统。

至 2030 年：建立完整的酶反应方程式的数据标准和储存库。对酶组合进行快速确定，对酶比例进行快速适配，在工业环境下的转化率超过 90%；解析固定化多酶过程的机制及反应-传递协调机制，固定化的多酶系统可重复使用 50 次以上；开发高稳定催化剂和限域化技术，使得系统可稳定运行 5 天以上；解决辅酶稳定性问题。

潜在解决方案

开发自然语言处理和机器学习方法获得未经验证的酶催化路径；纳入预测的酶功能；利用人工智能，通过序列预测酶功能；利用人工智能指导酶改造，工程设计具有良好热力学特征的多酶途径；鉴定酶的动力学和底物选择性，以确定酶-底物杂乱性的规则；开发针对路径的优化工具，建立易于访问数据的计算设施；实现酶分子在载体材料表面及孔道精准固定和酶-载体的可控智能组装；利用原位分析表征技术建立其中关联；构建功能集成的可定制孔道。开发不被抑制的酶，构建磷平衡的多酶体系；开发产品原位移出和透析策略；研究酶的不稳定性机制；开发可不断补充催化剂的反应器；强化水析氧偶联能量和还原力再生；利用光电制造质子梯度高效再生 ATP；获得能高效利用人工辅酶的酶，达到利用天然辅酶的水平；开发杂合新酶，使辅酶在酶内部循环。

（2）基于细胞提取液的无细胞体系

现有技术：基于细胞提取液的无细胞体系已在基因线路研究、蛋白质工程、人工生命体系构建，以及复杂天然产物和可持续化学品合成等研究中展现出巨大的应用潜力。目前的研究主要聚焦于大肠杆菌提取液无细胞系统，这也是目前应用最为广泛的系统[11]。在大肠杆菌提取液系统中引入精准糖基化修饰途径，可对生物医药蛋白活性进行精准调节[12]。细胞的提取液类型多样化，目前也初步拓展了链霉菌、枯草芽孢杆菌、谷氨酸棒状杆菌、需钠弧菌等新型体系。该体系除了用来合成蛋白质，也被用于高效的体外代谢途径构建，并成功合成了多种具有生理活性及药用价值的复杂天然产物和药物中间体等[13]。在反应工艺设计方面，聚焦于批式反应和连续交换反应系统，通过水凝胶限域等时空构筑和光控、温控、磁控等物理调控，对无细胞合成的转录或翻译过程实现精准调控，同时发展了新型 Tube-in-tube 套管式微反应器系统等工艺反应模式，进一步提升无细胞蛋白质合成能力[14]。

目标与突破点： 通过多样化模式和非模式宿主无细胞提取液，实现体系的标准化和定制化设计；通过替代不稳定元件和提高无细胞提取液的稳定性，提升体系运行效率；开发设计不同类型的反应装置及反应环境，拓展体系应用范围；开发适用于规模化生产体系的鲁棒性，提升体系运行能力。通过基因编辑手段构建具有特定功能的宿主细胞，提高体外蛋白质翻译后修饰能力（如糖基化修饰等），提升体系应用能力。

瓶颈： 不同的提取液制备流程和组分配制，导致性能难以重复和比较；缺少标准化的关键转录和翻译元件；蛋白质合成的精准和高效后修饰；非天然蛋白质的精准和高效合成；无细胞系统转录翻译元件的稳定性；蛋白质翻译核心机器的改造；体系传质的高效性和可控性；面向按需合成的便携性；"一锅法"合成能力的有限性；无细胞合成时空尺度的智能化控制；高活性提取液的大量快速制备；表达蛋白基因模板的大量制备，达到克级别产量；降低规模化生产成本；基因模板的自我复制；持续数天或数周的连续生产；大肠杆菌内毒素对糖基化药物蛋白等的影响；大肠杆菌缺乏糖基化修饰酶；蛋白糖基化的精准控制；稀有糖基化途径的体系构建。

近期： 构建标准化原核和真核无细胞转录翻译系统，单批次可制备 500 mL 以上细胞提取液；实现长效且稳定的无细胞转录翻译系统，体系可稳定运行 5 天以上；实现反应系统高效的动量、热量和质量传递；实现反应体系在 10～50 L 规模下进行；能够进行多种糖基化修饰需求的系统。

至 2030 年： 构建个性化无细胞转录翻译系统，获得 10 种以上后修饰反应体系；实现蛋白质的稳定高效合成，体系可稳定运行 10 天以上；实现工业级高效性和智能化的蛋白质连续合成模式；构建 1000 L 的可持续、规模化无细胞生产体系；任意糖基化蛋白的合成。

潜在解决方案

确定标准化提取液制备工艺参数；扩大转录元件和翻译元件库；构建可对蛋白质进行精准后修饰的合成平台；人工改造蛋白质翻译机器，特异性识别非天然氨基酸并将其高效嵌入蛋白质；构建高效稳定的 DNA 模板，减少反应体系抑制物或内毒素；改造和合成核糖体、tRNA 等核心翻译机器组件；设计能够适用于不同需求和规模的反应器类型，批式反应体积可达 10～100 L；发展冷冻干燥、纸基载体等简易低廉技术；利用区室化构建策略；基因线路融合材料元件设计，使系统能够响应物理信号；利用发酵罐（10～15 L 及以上）进行细胞高密度发酵；利用大体积高压破碎技术获取大量细胞破碎液；利用工业化或规模化质粒制备柱；利用价格低廉的物质进行供能；开发能与发酵罐整合的模块，实现产物的实时分离及抑制剂的实时去除；制备含有 DNA 复制酶的提取液；构建基因模板的扩大化反应体系；设计连续化生物反应器；构建区室化系统，实现可调控和可持续；敲除内毒素合成相关基因；利用分离纯化手段去除内毒素；将糖基化酶基因整合入大肠杆菌基因组；构建包含 10 种以上糖基化酶的常用菌株库，进行个性化蛋白表达及翻译后修饰；筛选和改造糖基化酶功能；筛选和优化稀有糖基化途径，并将相关基因整合至大肠杆菌中；设计模块化体系，实现 10 种以上模块化体系的组合，实现先富集再修饰。

3.6.5　小　　结

无细胞体系的发展可为基因线路设计、生物传感、生物制造、人工细胞的构建提供重要的平台技术；通过发展酶数据集和人工智能技术、标准化制备细胞提取液、提高酶元件与辅因子的性能、降低产物的抑制作用等方式，提升无细胞体系效率，使其标准化和工程化，成为与细胞合成体系并驾齐驱的生物制造平台。

参考文献

[1] You C, Shi T, Li Y, et al. An in vitro synthetic biology platform for the industrial biomanufacturing of myo-inositol from starch. Biotechnol Bioeng, 2017, 14: 1855-1864.

[2] Li Y, Shi T, Han P, et al. Thermodynamics-driven production of value-added d-allulose from inexpensive starch by an *in vitro* enzymatic synthetic biosystem. ACS Catal, 2021, 11(9): 5088-5099.

[3] Cai T, Sun H, Qiao J, et al. Cell-free chemoenzymatic starch synthesis from carbon dioxide. Science, 2021, 373(6562): 1523-1527.

[4] Huffman M A, Fryszkowska A, Alvizo O, et al. Design of an in vitro biocatalytic cascade for the manufacture of islatravir. Science, 2019, 366(6470): 1255-1259.

[5] Liang K, Ricco R, Doherty C M, et al. Biomimetic mineralization of metal-organic frameworks as protective coatings for biomacromolecules. Nature Communications, 2015, 6(1): 7240.

[6]   Shieh F K, Wang S C, Yen C I, et al. Imparting functionality to biocatalysts via embedding enzymes into nanoporous materials by a *de novo* approach: Size-selective sheltering of catalase in metal–organic framework microcrystals. Journal of the American Chemical Society, 2015, 137(13): 4276-4279.

[7]   Miller T E, Beneyton T, Schwander T, et al. Light-powered CO_2 fixation in a chloroplast mimic with natural and synthetic parts. Science, 2020, 368(6491): 649-654.

[8]   Zachos I, Doring M, Tafertshofer G, et al. Carba nicotinamide adenine dinucleotide phosphate: Robust cofactor for redox biocatalysis. Angew Chem Int Ed Engl, 2021, 60(26): 14701-14706.

[9]   Zhang L, King E, Black W B, et al. Directed evolution of phosphite dehydrogenase to cycle noncanonical redox cofactors via universal growth selection platform. Nat Commun, 2022, 13(1): 5021.

[10]   Zhang S, Shi J, Sun Y, et al. Artificial thylakoid for the coordinated photoenzymatic reduction of carbon dioxide. ACS Catal, 2019, 9(5): 3913-3925.

[11]   Swartz J R. Expanding biological applications using cell-free metabolic engineering: An overview. Metabolic Engineering, 2018, 50: 156-172.

[12]   Stark J C, Jaroentomeechai T, Moeller T D, et al. On-demand biomanufacturing of protective conjugate vaccines. Science Advances, 2021, 7(6): eabe 9444.

[13]   Tian X, Liu W Q, Xu H, et al. Cell-free expression of no synthase and p450 enzyme for the biosynthesis of an unnatural amino acid l-4-nitrotryptophan. Synthetic and Systems Biotechnology, 2022, 7(2): 775-783.

[14]   Zhou C, Lin X, Lu Y, et al. Flexible on-demand cell-free protein synthesis platform based on a tube-in-tube reactor. Reaction Chemistry & Engineering, 2020, 5(2): 270-277.

人工多细胞体系

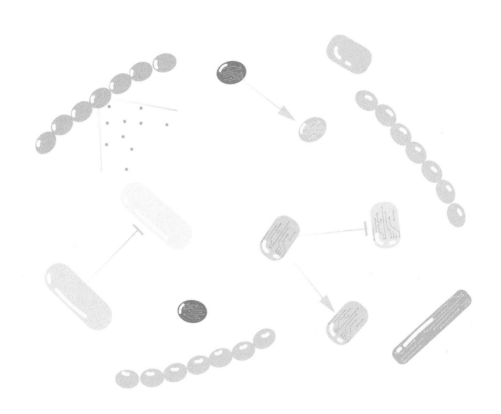

编写人员 李 寅 吴晓磊 黄建东 戴 磊 朱华伟

3.7 人工多细胞体系

3.7.1 摘 要

人工多细胞体系是合成生物学从简单走向复杂、从学习自然走向再造自然的一个关键技术体系。其主要任务是建立人工多细胞体系的理论基础，发展人工多细胞体系的设计构建和功能测试技术，定量刻画人工多细胞体系中个体行为与群体行为的定量关系、体系与环境的相关关系，预测伴随从单细胞到多细胞发展而涌现出的新现象、新功能，为人工多细胞体系在医学、健康、工业、农业、能源和环保领域的应用奠定技术基础。

3.7.2 技 术 简 介

人工多细胞体系是指由不同功能细胞组成的人工生物体系，主要包括两类：第一类是来源于多物种的人工多细胞体系；第二类是来源于单物种的异质化多细胞体系，以及单个细胞数量达到一定程度后涌现出新功能的体系。

来源于多物种的人工多细胞体系主要存在细胞与化合物、细胞与细胞、细胞与环境之间的交流和联系，在工业、农业、能源、环保和健康等领域发挥重要作用。来源于单物种的人工多细胞体系主要存在细胞与细胞、细胞与组织之间的交流和联系，在生物医学领域中发挥重要作用。

人工多细胞体系理论和使能技术主要包括两类。第一类，从人工单细胞体系到人工多细胞体系的过程中，产生新的生命现象、功能与规律的理论基础；支撑人工多细胞体系的设计、构建和运作的理论基础；人工多细胞体系形成空间结构和细胞时空分布的理论与控制基础。第二类，研究人工多细胞体系内细胞相互之间、细胞与环境之间信号传递和通讯等互作关系的技术；研究人工多细胞体系中不同功能（物种）细胞的功能分工，构建、调控、研究和预测人工多细胞体系功能分化和群体行为；实现人工多细胞体系在不同环境中稳定性和鲁棒性的技术，包括但不限于理性设计人工多细胞体系、靶向添加/去除目标细胞、调控群落结构形成、调控细胞通讯、调控代谢能力、建立相关模型和进行预测等。

由此确定人工多细胞体系的四个目标：人工多细胞体系的理论和设计；人工多细胞体系的构建和测试；人工多细胞体系的功能研究；人工多细胞体系的环境影响。根据人工多细胞体系内部联系方式的不同，将其分为三种类型进行表述。Ⅰ型人工多细胞体系主要通过代谢物（化合物）进行连接，其目的是利用人工多细胞体系实现某种特定物质的生物降解或生物合成，主要用于工业、农业、能源和环保领域。Ⅱ型人工多细胞体系主要通过代谢物、原核-真核细胞相互作用进行连接，其目的是发挥人工多细胞体系特定的生理和免疫功能，主要用于健康领域。Ⅲ型人工多细胞体系主要通过细胞-细胞、细胞-组织相互作用进行连接，其目的是发挥人工多细胞体系涌现出的生物学功能，主要用于生物医学领域。

3.7.3 路线图

当前水平

基于生化途径知识和物种代谢能力，通过天然菌株构建代谢分工群落，实现了芳香烃、溴代芳香烃、纤维素等难降解分子的生物降解，以及紫杉烷、花青素等高价值化合物的生物合成；开发了高通量的 kChip 技术和 eVOLVER 并行恒化培养装置，以研究共培养微生物之间的相互作用和合成群落动态；开发了基于 ET-seq 和 DART 技术联用的原位基因组编辑技术，实现了模式群落中特定微生物的基因编辑。

目标 1：人工多细胞体系的理论和设计

突破能力	近期进展	至 2030 年进展
具有物质代谢与合成能力多细胞体系的理性设计原理	• 模块化拆分生物化学途径，搭建化合物-降解或合成模块-潜在功能菌株相对应的数据库 • 建立人工多细胞体系代谢分工的基础理论和基本原则，实现特定化合物代谢分工的理性设计 • 提出人工多细胞体系种稳定性理论，实现遗传和功能相似的简单多细胞体系的理性设计 • 基于相互作用、代谢特征和环境条件，实现人工多细胞体系的模拟、仿真、预测及定向进化	• 根据降解和合成物的种类及性质，实现化合物-降解或合成模块-功能菌株的计算机筛选和匹配优化 • 建立包含热力学、动力学和环境影响参数的代谢分工设计理论，设计能够降解或合成复杂化合物的人工多细胞体系 • 完善人工多细胞体系种稳定性理论，实现遗传和功能不易兼容的复杂多细胞体系理性设计 • 开发人工智能技术，实现人工多细胞体系复杂参数的智能优化，以及不同人工多细胞体系集的精准预测

目标 2：人工多细胞体系的构建和测试

突破能力	近期进展	至 2030 年进展
具有物质代谢与合成能力多细胞体系的构建和评价技术	• 建立菌株生长条件和代谢物分布数据库，发展培养组学，建立兼容不同物种的人工多细胞体系培养条件与实现人工多细胞体系的快速构建 • 发展高通量人工多细胞体系共培养技术与并行培养装置 • 开发基于 3D 打印等的人工多细胞体系空间组装技术 • 开发基于单一信号分子自主自组装的人工多细胞体系的群体稳定性和功能，建立物种之间的密切纽带，强化简单多细胞体系群体稳定性和功能	• 建立基于了解解或降解合成模块的菌株资源库，根据模块化的合成能力，实现人工多细胞体系的模块化、功能化快速构建或评价 • 发展不同规模的智能化自动培养装置 • 实现人工多细胞体系在特殊材料载体上的空间自组装 • 开发基于多个信号分子的自主调控技术，定向进化增强相互作用、强化复杂多细胞体系稳定性和功能

目标 3：人工多细胞体系的功能研究

突破能力	近期进展	至 2030 年进展
具有物质代谢与合成能力多细胞体系的原位调控技术	• 开发适用于人工多细胞体系原位条件下的正交基因操作技术，实现复杂群落中特定功能的原位调控 • 发展人工多细胞体系代谢物分析技术，实现多细胞体系代谢分工的监测	• 提高原位编辑对象的普遍性，实现广谱的、基于分子工具和噬菌体技术的物种定向原位基因编辑技术 • 发展人工多细胞体系代谢通量分析和调控和调控胞代谢系统的原位、实时、动态监测和调控

目标 4：人工多细胞体系的环境影响

突破能力	近期进展	至 2030 年进展
具有物质代谢与合成能力的多细胞体系的生物安全管理	• 开展复杂环境下人工多细胞体系的多组学综合评估分析，揭示复杂环境下人工多细胞体系对生态系统的影响 • 建立可实施人工多细胞体系的应用方法 • 制定人工多细胞体系应用的生物安全管理规范	• 实现人工多细胞体系生态影响的精准预测 • 设计和建立人工多细胞体系生物防逃逸机制与方法 • 实现人工多细胞体系在特定场景下的应用

图 1　Ⅰ型人工多细胞体系路线图

当前水平

针对多物种组成的复杂微生物群落，对其生态网络进行表征与调控，解析空间结构，开发原位编辑技术，构建可预测模型。

目标 1: 人工多细胞体系的理论和设计

突破能力	近期进展	至 2030 年进展
微生物组时空动态的表征和调控	• 对空间结构的微生物群落进行非破坏性三维可视化 • 在可控环境中设计三维结构的微生物组	• 使用环境改变操纵自然或工程化群落的 3D 结构 • 能够在复杂环境中自我定位、在难以接近的位置定植

目标 2: 人工多细胞体系的功能研究

突破能力	近期进展	至 2030 年进展
表征微生物组的功能共位群	• 描述、表征微生物组的功能共位群组成及其相互作用	• 在天然微生物群落中，原位表征所有物种及其相互作用
靶向调控微生物组的功能	• 移除天然微生物群中特定菌株或整个功能共位群，解析宿主表型与共位群之间的因果关系和微生物组 • 在受控微生物组中设计引入新功能或改变现有功能的共位群	• 建立新型调控手段，靶向和抑制或敲除指定的功能共位群 • 在天然微生物群中原位编辑特定物种或共位群，从而引入新型功能或修饰现有功能

目标 3: 人工多细胞体系的环境影响

突破能力	近期进展	至 2030 年进展
微生物组对环境变化的响应	• 预测并工程化改造微生物组和环境之间的相互作用	• 微生物群落功能预测模型，以及应对广泛的环境变化

图 2 II 型人工多细胞体系路线图

当前水平

通过控制干细胞分化为各种体细胞并编码细胞信号通道，实现了类器官、动物胚胎和器官芯片的人工合成；通过编码细胞合成人工生物结构，开发微生物-哺乳动物多细胞体系界面，实现了人工编码细胞在疫苗开发和癌症治疗等生物医学领域的应用。

目标 1：人工多细胞体系的理论和设计

突破能力	近期进展	至 2030 年进展
生物医学人工多细胞体系的理性设计原理	• 由单一细胞产生人工多细胞体系的理论和设计；维持细胞状态的理论和设计；细胞增殖、更新的理论和设计；低层次组织结构的形成理论和设计；简单功能构件的形成理论和设计	• 建立人工多细胞模块的整合理论；建立机器与人工多细胞体系界面的形成理论；机器模块的功能，建立模块的交互感应理论基础；建立依赖于功能性活动的适应性理论基础

目标 2：人工多细胞体系的构建与测试

突破能力	近期进展	至 2030 年进展
生物医学人工多细胞体系的构建与评价	• 利用基因和蛋白自线路实现细胞命运的人工设计与控制；理解和利用生物随机决策机制；构建人工多细胞图案及结构的简单模块，实现简单的、具有基本功能的人工多细胞模块；设计构建机器与人工多细胞体系界面	• 更高层次的组织结构的构建，包括多个人工多细胞模块的整合、建立复杂、协调的功能；构建较为成熟的表型；实现机器/人工多细胞体系界面的形成、实现模块间、机器与生物机器人工多细胞体系界面间的交互感应；开始设计构建生物机器人

图 3 III 型人工多细胞体系路线图

3.7.4 技 术 路 径

（1）Ⅰ型人工多细胞体系

现有技术： Ⅰ型人工多细胞体系主要通过化合物进行代谢连接，实现某种特定物质的生物合成或生物降解[1]。在生物合成方面，人工多细胞体系已实现复杂底物（如木质纤维素）的利用[2]、复杂大分子（如氧化紫杉烷）的合成[3]、生物燃料（如丁醇和异丁醇）的生产[4]，以及生物产电（如生物光伏系统的开发）[5]等。在生物降解方面，人工多细胞体系已实现对苯、甲苯、菲等简单污染物的降解，但对稠环芳烃等高毒性难降解污染物及复杂组成污染物还没有报道[6~8]。

目标与突破点： 人工多细胞体系的理论和设计方面，阐明具有物质代谢与合成能力人工多细胞体系的设计原理；人工多细胞体系的构建和测试方面，发展具有物质代谢与合成能力多细胞体系的构建与评价技术；人工多细胞体系的功能研究方面，发展具有物质代谢与合成能力多细胞体系的原位调控技术；人工多细胞体系的环境影响方面，加强具有物质代谢与合成能力多细胞体系的生物安全管理。

瓶颈： 缺乏化合物合成和降解途径模块化拆分原则与理论研究；人工多细胞体系参数众多，影响因素复杂，缺乏对人工多细胞体系结构与稳定性的影响机制的认识以及代谢模型和模拟计算工具；缺乏对人工多细胞体系代谢特点、功能模块及功能菌株之间的关联认识；人工多细胞体系中不同功能物种间生长和生理需求差异大，菌群结构难以保持稳定；兼容不同物种同时空生长的培养条件和技术匮乏；种间竞争和环境变化影响人工多细胞体系稳定性；人工多细胞体系容量与培养通量之间存在矛盾；人工多细胞体系在液体环境中稳定性差，种间竞争和环境变化影响人工多细胞体系稳定性；人工多细胞体系缺乏高效的原位遗传操作技术，以及代谢分布和代谢通量分析技术；人工多细胞体系的生长和代谢过程存在交互影响；缺乏人工多细胞体系对本地生态系统影响的先验知识；缺乏对人工多细胞体系的多物种防逃逸技术。

近期： 搭建化合物-降解或合成模块-潜在功能菌株相对应的数据库，实现代谢分工的理性设计；提出人工多细胞体系物种稳定性理论，实现人工多细胞体系的模拟、仿真、预测及定向进化的理性设计；建立兼容不同物种的人工多细胞体系培养

131

条件与技术，实现人工多细胞体系的快速构建；开发基于单一信号分子的自主调控技术，强化简单多细胞体系的群体稳定性和功能；开发适用于人工多细胞体系的原位基因调控技术和代谢物监测分析技术；开展复杂环境下人工多细胞体系的多组学联合评估分析，揭示复杂环境下人工多细胞体系对生态系统的影响。

至 2030 年：实现化合物-降解或合成模块-潜在功能菌株的计算机筛选和匹配优化，设计能够降解或合成复杂化合物的人工多细胞体系；完善人工多细胞体系物种稳定性理论，实现人工多细胞体系复杂参数的智能优化；开发智能化人工多细胞体系并行培养装置和空间自组装技术；开发基于多个信号分子的自主调控技术，强化复杂多细胞体系的群体稳定性和功能；发展人工多细胞体系代谢通量分析和调控技术，实现复杂多细胞体系代谢分工的原位动态监测和调控；建立人工多细胞体系生物防逃逸机制与方法。

潜在解决方案

根据生物合成途径和菌株基因组等信息，确立不同化合物合成路线模块化拆分原则，建立化合物-合成模块-潜在功能菌株相对应的数据库；结合已有数据和大规模调查，如污染物调查、污染物鉴定、土壤理化性质测定等，建立不同地区污染物类型及污染环境数据库；发展培养技术与培养组学，结合高通量测序，建立菌株资源与基因资源数据库。

研究模式代谢分工体系的影响因素与机制，阐明稳定分工的关键因素；构建不同菌株之间的营养互补关系，保持人工多细胞体系的长期稳定；对已有代谢模型进行优化，整合代谢模型与种群动态模型，研究微生物-微生物和微生物-环境的相互作用，预测由单个菌株的细胞内代谢引起的人工多细胞体系生态系统的时空动态变化，指导代谢节点的调整；开发多细胞体系的人工选择与定向进化方法。

基于基因组、代谢组及代谢模型，追踪人工多细胞体系在不同环境条件下的代谢流及其动态变化，阐明人工多细胞体系不同菌株的代谢功能划分，并对人工多细胞体系进行模块优化，完善化合物-降解或合成模块-潜在功能菌株相对应的数据库；建立人工多细胞体系代谢分工模型，设计多物种间代谢相互作用，预测多代谢途径交叉条件下的代谢流及群落结构。

根据组成人工多细胞体系各物种的生理特征差异，建立先后接种模型、空间隔离模型等，预测人工多细胞体系在时空分离模式下的菌群组成和动态变化；引入溶氧、温度、pH 等环境因子，预测干预条件下菌群变化趋势，找到物种间平衡的培养条件；开发人工智能技术，实现参数集的预测与优化；开发复杂条件下人工多细胞体系动态模型，研究人工选择与定向进化的环境影响机制。

建立菌株生长条件数据库，综合分析不同物种的共性生长条件和个性生长条件，实现任意组合人工多细胞体系生长条件的快速确定；开发区室化膜分隔、固定化包埋、微脂滴等空间异质化共培养技术，实现不同物种的物理隔离培养；建立群体感应系统，对底物利用较快的菌株加以生长限制；发展原位荧光成像技术，监测人工多细胞体系内物种的时空分布；推进构建抗逆功能基因元件库，挖掘与设计适用不同场景的抗逆功能元件模块。

基于液滴、微孔板、小型恒化器等系统开发不同规模的高通量并行培养装置；开发基于 3D 打印等人工多细胞体系的空间组装技术，提高体系的稳定性与鲁棒性；开发新型材料，研究人工多细胞体系空间自组装机制与影响因素，实现人工多细胞体系在特殊材料载体上的空间自组装；建立多物种、多信号群体感应系统，控制不同功能物种间的生长平衡；设计和改造抗逆功能元件线路以适用人工多细胞体系；设计人工多细胞体系定向进化技术，强化人工多细胞体系内的相互作用和菌群稳定性。

开发新的 DNA 转化/转导技术，提高外源基因导入的效率与宿主范围；开发人工多细胞体系同位素代谢通量分析技术，提高对中间代谢物的实时监测能力；利用多组学分析手段，研究人工多细胞体系内基因表达和代谢活性随时间的变化情况。

设计多菌株、多条件诱导开关元件，在培养过程中调控相关基因的表达，实现人工多细胞体系内代谢流的动态调控。

完善人工多细胞体系的多组学联合评估分析，使用高通量技术周期性、标准化监控复杂环境下人工多细胞体系与土著生物的相互作用，实现人工多细胞体系对本地生态系统的综合评价；通过综合评估，拟定人工多细胞体系生态应用的基本准则与规范。

利用传统的防逃逸系统，如营养缺陷、自杀开关及基因流屏障，开发应用于人工多细胞体系的生物防逃逸技术，确保人工多细胞体系各物种在开放环境中无法生存；完善人工多细胞体系生物安全管理规范。

（2）II型人工多细胞体系——健康应用

现有技术： 自然界中的微生物群落处于动态变化中，且具有明显的空间分布异质性。目前，对微生物群空间信息表征的方法主要有：通过微米尺度的宏基因组地块采样测序 MaPS-seq 捕捉宿主微生物群的空间组成[9]；高复杂度的微生物群荧光成像原位展示空间结构化的宿主微生物群落[10]；关联代谢表型与原位的微生物组成，绘制微生物群的空间代谢表型[11]。目前，对微生物群落调控后空间结构的变化仍不清楚，需要开发表征和重塑微生物群落三维结构的方法。

工程微生物组需要在空间和时间内可预测地发挥作用，这需要新的技术能力来控制微生物组的组成、结构，以及在不同范围和时间尺度上的传播。在微生物组中，对单个物种完全的时空控制将率先形成更先进的模式。目前已有在单一细菌群中由合成电路创造的空间图案和图灵图案[12]。使用光遗传学控制大肠杆菌形成模板化的二维图案[13]。通过细胞间信号分子的反馈控制来维持两种细菌组分的种群组成，以及用工程生物材料使用空间分隔的策略精确调控群落结构，实现群落的分工与通讯[14]。

对微生物群的基因组进行遗传改造，进而使微生物组获得特定性状，包括使用工程菌或对微生物组进行原位编辑。目前微生物群落宏基因组水平的遗传改造可分为基于广谱插入转座酶的微生物基因组非靶向插入和基于 CRISPR-Cas 系统的靶向编辑，包括靶向插入、删除及调控基因表达[15]。尽管 CRISPR 系统目前已经在基因组工程、转录调控、转录后调控、表观遗传编辑等各种层次上都有了一些很好的工具，但在宏基因组、宏转录组层次上，仍然缺乏通用性好、特异性佳的可编程操作工具。总体而言，目前研究人员理解和操纵具有特定功能的系统，或修复不再按需运行的生物群系和聚生体的能力非常有限。

生物设计面临着特殊的挑战，因为系统多样性较大，而相关的控制信息仍较少。各种单独的分析工具以及更综合的数据和分析工作台已经开始出现，但很少有广泛使用的集成计算设计-构建-测试-学习支持系统，且很少能够充分利用大量多样的生物数据和分析资源。目前已有一些标准化的努力，但仍相当孤立。此外，使用不能广泛适用的技术进行数据表示和分析执行，往往阻碍了群落的使用和发展。

目标与突破点： 人工多细胞体系的理论和设计方面，实现对微生物组时空实现动态的表征调控，能够研究、操纵和编程生物群系的三维结构；人工多细胞体系的功能研究方面，表征微生物组的功能性共位群组成；调控微生物组的功能组成，在群落、宿主层面实现新功能，或解决生态失调的问题；人工多细胞体系的环境影响方面，提高微生物群落对环境变化的响应。

瓶颈：需要新技术来报告和可视化群落的三维结构及功能；利用运动性或趋化性来指导微生物运动的自组装系统，需要更先进的装置来限制化合物在空间的扩散。

对群落如何动态响应环境，特别是在非同质环境变化的理解有限；难以在群落环境中为任意细胞类型添加传感和驱动功能；在难介入的环境中，很难验证自我定位和三维构建是否发生。

对许多基因的功能和表达时间，以及它们对通路/机体功能的影响缺乏了解；基因组序列可用，但缺乏对细胞形态、代谢、蛋白质组学等多种功能预测所需的必要信息。

需要显微镜、样品制备、图像分析等技术的重大进展，才能在肠道微生物组、植物微生物组等难以接近的环境中实现更高分辨率的成像，并用于解析复杂的生物结构。

从生物群落中选择性添加或去除物种的能力；功能共位群可能包含跨界物种，需要整合多种技术操作；在受控微生物组中设计引入新功能或改变现有功能的共位群；现有的微生物群可能会有更多抵制变化的机制，特别是针对有助于增长或复制的机制。

靶向功能相关物种尤其是跨界物种而没有脱靶效应仍具有一定困难；需要对群落进行有效的原位编辑，对代谢能力、编辑时机与目标微生物的增加等具有较好的把控。

需要来自不同生态系统、环境的数据来构建预测模型；整合多种环境下微生物组的响应，包括具有无响应或非最佳响应的条件。

需要对不同通路进行建模和比较，以确定最有效、优先和弹性的系统。

近期：对来自各种环境的微生物群落进行非破坏性三维可视化；在可控环境中设计三维结构的微生物群；描述、表征微生物组的功能共位群的组成及其相互作用；移除天然微生物群中特定菌株或整个功能共位群，解析宿主表型与共位群的因果关系和微生物之间的相互作用；预测并工程化改造微生物组和环境之间的相互作用（如温度、氧含量、pH、小分子或药品、饮食成分）。

至 2030 年：实现在环境变化条件下操纵自然或工程化群落的三维结构；工程化微生物组能够在人体肠道等复杂环境中自我定位，在难以进入的位置定植；在天然

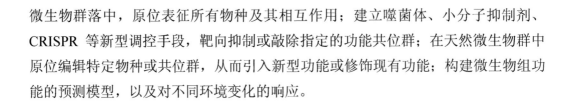

微生物群落中，原位表征所有物种及其相互作用；建立噬菌体、小分子抑制剂、CRISPR 等新型调控手段，靶向抑制或敲除指定的功能共位群；在天然微生物群中原位编辑特定物种或共位群，从而引入新型功能或修饰现有功能；构建微生物组功能的预测模型，以及对不同环境变化的响应。

潜在解决方案

通过成像、测序、组学技术，研究自然或工程群落及其动态；开发基于细胞的传感器等新的报告系统来评估和量化功能和（或）三维结构；利用可生物降解的材料 3D 打印成含化学成分的基质，促进复杂的、有结构的微生物群的生长；使用光遗传学更精确地控制细胞的位置，确定细菌黏附和微生物群结构。

研究自然和工程群落如何应对环境变化，构建包含基因组、功能和环境结果的时空模型；仅对群落中的特定组织成员进行针对性的基因编辑；设计出只有在微生物群落达到设计的空间结构时才会合成的化合物，并且容易检测。

将基于活性的探针与蛋白质组学结合，发现复杂群落中的功能；设计能够大规模测试微生物组的技术，检测蛋白质生物化学、细胞表型和基因功能，以增加可用于注释预测程序的数据量。

发展专门标记的探针库，同时跟踪许多不同的新陈代谢和活动，在多个抽象层次上定义功能相似的物种；开发原位荧光成像、质谱成像等技术。

开发目标抗菌剂、靶向噬菌体；扩大细菌基因驱动技术或广宿主范围结合质粒的使用，以实现复杂的环境中更一致的基因操作；允许快速操作和测试的工程系统，能够连续应用不同的方法来确保从微生物组中消除某种功能；选择性地添加群落成员，包括工程细胞，并使其通过营养互补和共享代谢以保留有机体；设计微生物组以使用多种机制来实现其功能。

使用高通量微生物组模型系统、基因或小分子抑制剂筛选来提升复杂环境中的基因功能数据库；通过时空控制改进原位操纵微生物群的技术；引入可替代碳源利用的代谢途径，选择性富集可以利用特定营养物质的微生物。

生成并包含来自许多环境的数据，以便模型可以与群落的相关信息进行整合，包括主要功能和周围生态系统；通过建模或机器学习，根据各功能群对复杂环境（如温度、氧气、pH、湿度）的单独响应，确定微生物组最佳响应条件。

利用受控实验室实验或观察性研究，将微生物组功能确定为群落组成和环境的函数；通过机器学习方法确定感兴趣的微生物组之间是否存在相似的模式。

（3）III 型人工多细胞体系——生物医学应用

现有技术：人工多细胞体系在生物医学方面的研究已有初步进展，如控制干细胞分化为各种成体细胞、编码细胞信号通道、控制图案形成、由干细胞形成类器官、创造器官芯片等，主要通过控制细胞基因表达，设计细胞间相互作用，并引入数学建模使得设计过程更加理性。然而，目前人工多细胞体系的形成多依赖于细胞内在的天然功能、高通量筛选及人工试错，很少有人工理性设计并被应用于实际的案例。哺乳动物多细胞体系的构建多处于探索阶段，缺乏控制细胞行为、控制微环境、多细胞区域划分的生物器件及人工控制工具，同时缺乏多种规模的高通量培养装置和空间组装技术。

目标与突破点：人工多细胞体系的理论和设计方面，阐明从单一细胞类型到多种细胞类型的理性设计原理；人工多细胞体系的构建和测试方面，挖掘调控细胞行为、控制微环境、多细胞区域划分的生物器件；开发控制细胞行为的工具及空间组装技术；由易到难构建各种模块化的人工多细胞体系，建立多细胞模块的评价体系与技术。

瓶颈：缺乏从单一细胞分化出多种不同细胞的可靠模型构建及模拟计算工具；对细胞自组织原理的理解不深入，缺乏人工控制细胞行为的根据及手段；缺乏生物随机决策对细胞分化、生物结构形成、结构与稳定性的影响机制的认识；缺乏具有各种特定功能的多细胞模块；缺乏对人工多细胞体系各种特性的无创连续监测手段。不同功能多细胞体系模块的建立所需条件各不相同，集成具有更高功能的系统受多种因素影响；缺乏系统融合构建生物-非生物界面的材料及技术手段；影响人工多细胞体系结构和功能稳定性的因素复杂。

近期：阐明多级次基因网络定向指导细胞分化的设计理论，以及人工控制与细胞自组织相结合的多细胞空间结构形成理论；通过生物随机决策在人工多细胞体系中的基本原理探索，实现对生物随机决策的过程利用；建立多细胞模块；实现人工多细胞体系的无创连续监测。

至 2030 年：多细胞模块的集成；将"生命"与"非生命"系统融合，构建生物-非生物界面；人工多细胞体系的维护、再生和适应。

137

潜在解决方案

结合已有的干细胞分化为各种细胞的数据，建立不同细胞分化途径的数据库；通过人工构建的基因及蛋白质线路，高效、稳定地调控细胞分化的时空过程，控制细胞状态的维持；设计自动化模型构建及模拟计算工具，整合多种细胞活动、行为，通过细胞-细胞和细胞-环境的相互作用，预测人工多细胞体系三维结构的时空动态变化，指导人工调控多细胞的时空分布；利用数学模型计算预测、调整优化三维结构的形成，量化多细胞群体的生长、运动及其他细胞生命活动，协调不同细胞之间的相互作用，推导出人工多细胞体系三维结构的形成原则。

研究随机性和噪声对人工多细胞体系的影响与机制；阐明生物随机性产生的关键因素；开发调节生物噪声的方法。

挖掘调控细胞行为和微环境的生物器件，开发细胞自组装和 3D 生物打印等人工多细胞体系空间组装技术；开发简单组织的多细胞模块，尝试建立人工多细胞体系模块（生命）与机器（非生命）的界面；研发可以探测不同细胞功能的生物探针，并建立用于无创连续监测的仪器。

通过共培养集成不同的多细胞模块；逐级诱导不同多细胞模块的生成；通过不同空间分隔、微环境调控集成不同多细胞模块；建立营养交换和运输系统使空间分隔式集成成为可能；开发生物界面的材料，设计制备可实现活细胞分区培养的微流体芯片；开发复杂条件下人工多细胞体系结构、功能的动态模型，研究不同内外环境对其的影响机制。

3.7.5 小　　结

由多个物种细胞构成的人工多细胞体系，以及由单物种细胞发育分化形成的人工多细胞体系，在医学、健康、工业、农业、能源和环保领域具有重要应用价值。目前对人工多细胞体系中的细胞构成及其实时变化、各组成细胞的功能多样性，以及细胞-代谢物-环境之间的相互作用还缺乏深入的理解，核心问题是缺乏相应的技术能力。在刻画人工多细胞体系分布式代谢能力的基础上，基于不同细胞的功能多样性，设计构建随时空推移分布可定位、功能可预测的人工多细胞体系，是合成生物学研究的重要任务。通过本研究的梳理，明确了人工多细胞体系理论和技术的发展方向，提出了未来至 2030 年的里程碑、突破能力与实现路径，以及安全和监管方面的考虑，为人工多细胞体系的理性设计提供支撑。

参考文献

[1] Fritts R K, McCully A L, McKinlay J B. Extracellular metabolism sets the table for microbial cross-feeding. Microbiol Mol Biol Rev, 2021, 85: e00135-00120.

[2] Shahab R L, Brethauer S, Davey M P, et al. A heterogeneous microbial consortium producing short-chain fatty acids from lignocellulose. Science, 2020, 369: eabb1214.

[3] Zhou K, Qiao K J, Edgar S, et al. Distributing a metabolic pathway among a microbial consortium enhances production of natural products. Nat Biotechnol, 2015, 33: 377-383.

[4] Zhang H R, Wang X N. Modular co-culture engineering, a new approach for metabolic engineering. Metab Eng, 2016, 37: 114-121.

[5] Zhu H, Xu L, Luan G, et al. A miniaturized bionic ocean-battery mimicking the structure of marine microbial ecosystems. Nat Commun, 2022, 13: 5608.

[6] Zhang G B, Yang X H, Zhao Z H, et al. Artificial consortium of three *E. coli* BL21 strains with synergistic functional modules for complete phenanthrene degradation. ACS Synth Biol, 2022, 11: 162-175.

[7] Jia X Q, He Y, Jiang D W, et al. Construction and analysis of an engineered *Escherichia coli-Pseudomonas aeruginosa* co-culture consortium for phenanthrene bioremoval. Biochem Eng J, 2019, 148: 214-223.

[8] Sharma B, Shukla P. Designing synthetic microbial communities for effectual bioremediation: A review. Biocatal Biotransform, 2020, 38: 405-414.

[9] Sheth R U, Li M Q, Jiang W Q, et al. Spatial metagenomic characterization of microbial biogeography in the gut. Nat Biotechnol, 2019, 37: 877-883.

[10] Shi H, Shi Q J, Grodner B, et al. Highly multiplexed spatial mapping of microbial communities. Nature, 2020, 588: 676-681.

[11] Geier B, Sogin E M, Michellod D, et al. Spatial metabolomics of in situ host-microbe interactions at the micrometre scale. Nat Microbiol, 2020, 5: 498-510.

[12] Baumgart L, Mather W, Hasty J. Synchronized DNA cycling across a bacterial population. Nature Genet, 2017, 49: 1282-1285.

[13] Moser F, Tham E, Gonzalez L M, et al. Light-controlled, high-resolution patterning of living engineered bacteria onto textiles, ceramics, and plastic. Adv Funct Mater, 2019, 29: 1901788.

[14] Wang L, Zhang X, Tang C W, et al. Engineering consortia by polymeric microbial swarmbots. Nat Commun, 2022, 13: 3879.

[15] Rubin B E, Diamond S, Cress B F, et al. Species- and site-specific genome editing in complex bacterial communities. Nat Microbiol, 2022, 7: 34-47.

类器官工程

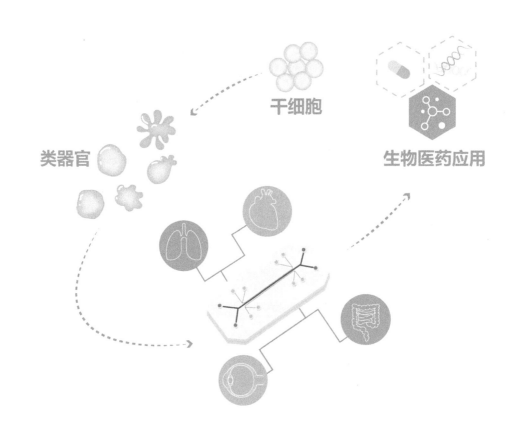

干细胞

类器官

生物医药应用

编写人员　秦建华　刘海涛　王亚清　陶婷婷　张　旭

3.8 类器官工程

3.8.1 摘　　要

类器官（organoid）通常指的是干细胞或器官特异性前体细胞通过体外增殖、分化和自组织等方式形成的，具有多种细胞类型及特定细胞排布的三维微组织，它能够部分反映来源组织器官的生理结构和功能特征。类器官工程是利用工程学和生物学协同策略，通过可控设计类器官的自组织过程，模拟复杂组织微环境，在体外仿生构建更接近人体生理特征、具有更高可信度的 3D 器官模型系统。类器官工程是构建复杂多细胞体系的重要途径，为人工生命体系合成提供了新的策略和技术，在组织器官发育、疾病研究、药物开发和再生医学等领域具有广泛应用前景。

3.8.2 技 术 简 介

（1）类器官起源

类器官一词最早出现在 20 世纪 60 年代的报道中，主要描述了细胞解离并重新自组织的过程[1]。干细胞领域的快速发展为类器官研究带来了新的活力。2009 年，Hans Clevers 等首次将 Lgr5+小肠干细胞进行 3D 培养，成功实现了成体干细胞（ASC）来源肠类器官的体外构建，开拓了类器官研究领域[2]。近年来，类器官领域发展迅速，已成功建立了多种类型的类器官培养体系，并用于发育生物学、疾病模拟和药物测试等生物医学领域[2, 3]。多种肿瘤类器官用于评价个体水平的药物反应，有助于实现个性化治疗[4, 5]。

（2）类器官形成原理

类器官是由干细胞或组织前体细胞通过自组织方式形成的多细胞 3D 结构，属于一种异质化的多细胞体系。干细胞来源主要包括胚胎干细胞和诱导多能干细胞等多能干细胞（PSC）及成体干细胞（ASC）。通常，多能干细胞在 3D 培养基质条件下（如 Matrigel）可形成拟胚体，并分化产生三个不同胚层，最终形成特定组织的

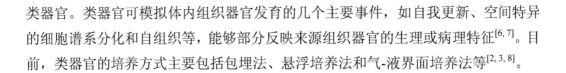

类器官。类器官可模拟体内组织器官发育的几个主要事件，如自我更新、空间特异的细胞谱系分化和自组织等，能够部分反映来源组织器官的生理或病理特征[6,7]。目前，类器官的培养方式主要包括包埋法、悬浮培养法和气-液界面培养法等[2,3,8]。

（3）类器官的设计、合成与构建策略

由于组织器官内在功能的复杂性，现有类器官形成与培养体系仍存在诸多局限，限制了其广泛应用。例如，缺乏成分明确的细胞外基质和可控的微环境；缺少组织关键细胞类型（血管内皮细胞、免疫细胞等）和管道结构；类器官形成通量不高；难以反映多种器官间的相互作用等。依据发育生物学原理，可设计类器官中的多胚层形成过程及其时空极性结构；结合生物材料、微流控器官芯片和生物打印等方法，有利于设计、合成和构建具有更高仿真度的类器官模型，反映体内器官生理特征。例如，新型生物材料与类器官结合，可模拟细胞外基质并引导类器官形态发生；生物打印技术有利于构建具有多层复杂结构和大尺度的类器官[9]；微流体和器官芯片技术有助于实现类器官微环境控制、血管化和互作研究等[10,11]；结合基因编辑、多组学分析和成像等方法，有助于类器官设计、结构功能深度解析和时空信息获取。

（4）类器官的生物医学应用

类器官是一种复杂的多细胞体系，在生命科学、医学研究和药物研发等领域应用前景广泛。目前，类器官已用于组织器官发育、疾病建模与机制研究、药物筛选和器官修复等领域。例如，多能干细胞可在特定生长因子条件下衍生出具有不同神经元类型和脑区结构的类脑器官，模拟大脑早期发育过程[3]。由成体干细胞或多能干细胞衍生的肠类器官可模拟体内肠隐窝结构，以及肠吸收和分泌功能等，并可用于肠炎等疾病研究[12]。

3.8.3 路 线 图

当前水平

类器官主要来源于成体干细胞、诱导多能干细胞和胚胎干细胞。由于干细胞类型多样，培养过程中易发生突变，从而影响类器官的产生效率、生物功能及转化应用，限制了其广泛使用。

目标 1: 干细胞大规模产生及标准化

突破能力	近期进展	至 2030 年进展
通过基因编辑等先进技术，提高干细胞稳定性，优化干细胞种类，建立规范化干细胞操作标准，提供构建类器官的可靠干细胞来源。	**建立大量、稳定的干细胞来源** • 改造维持细胞干性和稳定基因数量：不少于 20 个 • 改造干细胞向特定组织的类器官高效分化，用于疾病治疗（移植和免疫治疗等）：不低于 10 种 • 建立大型干细胞培养反应器，培养通量：10^9 个细胞批次	**干细胞制备体系的标准化及规范** • 改造维持细胞干性和稳定基因数量：不少于 60 个 • 改造干细胞向特定组织类器官高效分化，用于疾病治疗：不低于 30 种 • 建立规范化干细胞产品制备工艺、质控手段、应用方式等标准，提高反应器数量，达 10^{12} 个细胞批次

目标 2: 类器官培养体系与质控

突破能力	近期进展	至 2030 年进展
采用自动化的培养技术，建立通量化类器官培养系统，突破传及实时监测系统，突破人工操作技术瓶颈，提高类器官制备通量和稳定性；显著降低生产成本。	**高通量类器官培养体系的建立** 建立半自动化类器官培养系统：可部分适应细胞换液和传代操作，整合实时监测系统 类器官培养及实时监测系统通量达 10^6 个细胞批次 建立人源干细胞的类器官模型 5000 例以上，包含 3 种器官，涉及 5 种人类重大疾病	**大规模、自动化类器官培养系统开发** 开发全自动化培养平台：可适应细胞换液和传代等操作，整合实时监测系统 建立大规模多组织类器官资源细胞库，整合智能化分析系统 结合多种检测分析手段，建立类器官质控体系标准

图 1 种子细胞来源及器官培养技术路线图

当前水平

现有类器官体系大多依赖动物来源的 Matrigel 进行 3D 培养，但其基质成分不明确，大部分类器官缺少血管结构、免疫细胞等关键细胞类型，类器官功能成熟度低，并且难以实现多种类器官功能互作。

目标 1: 新型类器官培养基质材料的设计开发

突破能力	近期进展	至 2030 年进展
采用高分子从头合成的方式，获取关键分化与类器官培养所需成分明确的基质材料，指导不同类型基质材料可控形成	**降低人工合成材料批次组分差异（<10%）** • 天然材料与人工合成材料结合使用 • 增加材料的纯化和质控步骤，降低材料批次间差异 • 根据不同类器官特点，筛选最优基质材料组分	**降低人工合成材料批次组分差异（<5%）** • 完全使用人工合成基质材料 • 将天然基质材料中的关键结构基团修饰到创合成材料中，增加材料功能性 • 根据不同类器官特点，开发定制化基质材料

目标 2: 类器官培养微环境的精确调控

突破能力	近期进展	至 2030 年进展
结合工程学与材料科学技术，设计合成具有可调物理特性和一致拓扑结构的功能材料，实现类器官微环境的仿生化、物理等重要参数精确调控	**类器官形成的微环境构建** • 开发新型响应材料，实现基质材料物理性能精确调控 • 增加材料拓扑结构，引导类器官形态发生 • 建立光、电等可控物理刺激技术，实现物理参数简单控制	**类器官形成微环境的精确调整** • 解析重要微环境参数与类器官结构功能的关联性 • 建立声、光、电、磁、力等可控物理刺激调控技术，实现复杂物理参数调控 • 结合微流控、浓度梯度生成等技术，实现生化参数调控

目标 3: 类器官长期功能维持与大尺度器官构建

突破能力	近期进展	至 2030 年进展
结合多学科方法，建立多细胞组分、结构与功能复杂的类器官，解决类器官道化、相互作用的问题及大尺度类器官形成的问题	**类器官长时程的稳定培养** • 建立功能血管网络，促进类器官内部物质交换 • 稳定培养类器官 3~6 个月，尺寸>500μm • 建立包含免疫细胞等多种细胞类型的复杂类器官 • 实现 3~5 种类器官共培养功能关联	**类器官长期稳定培养与功能维持** • 创建多层级血管化结构，形成复杂类器官 • 类器官长期培养 1 年以上，尺寸提升至 mm 或 cm 量级 • 建立具有更复杂结构、细胞组分和功能的复杂类器官 • 开发出可满足 5 种或以上类器官培养的通用培养基

图 2　类器官设计、合成与构建策略路线图

当前水平

可满足类器官的高分辨、深度成像设备很少；类器官内部复杂生物学信息读取、定量分析和数字化建模困难。

目标 1：开发类器官信息采集与分析新技术、新方法

突破能力	近期进展	至 2030 年进展
结合人工智能与生物传感、成像技术等，开发适用于类器官体系的多模态功能监测新方法，采集类器官模型中的关键生物学信息，建立类器官功能分析数据库与智能分析技术	**类器官的多模态、多维度功能监测方法** • 开发类器官培养体系微电极阵列集成技术 • 建立基于光、电等多模态传感技术的类器官功能监测方法 • 建立类器官多模态数据汇交软件与多模数据库，数据库样本量不低于 2×10^4 个 • 开发新型透明化技术，提高类器官成像深度至 1mm 以上	**类器官智能分析与数据建模方法** • 实现类器官关键功能的实时、在线和无损监测 • 结合人工智能技术建立类器官功能分析系统，实现类器官重要生理学数据的智能分析与预测 • 类器官多模态数据库样本量达 10^5 个 • 实现类器官成像深度至 2mm 以上

目标 2：类器官的数字化建模

突破能力	近期进展	至 2030 年进展
基于类器官多模数据库，整合类器官增殖、分化、功能、结构形态等信息，构建能够体现类器官发育、结构、功能、生理/病理转化特征的数字化类器官模型，实现部分关键类器官系统的数据可视化	**类器官的数字化模型构建** • 基于类器官增殖、分化等研究，建立能够反映类器官结构、功能、生理、生长和病理转归的数字化模型 • 初步建立与类器官数据资源标准化指南种来源的数据可视化	**类器官的功能数字化评估** • 探究类器官尺度、结构、细胞类型、生理指标、图像信号等数据间的关系，建立类器官精准评估计算模型 • 构建体外器官模拟数据管理系统，支持不少于 10 种来源的数据可视化

图 3 类器官的信息监测分析与数字化建模路线图

3.8.4　技术路径

（1）种子细胞来源及类器官培养技术

现有技术：目前，类器官来源的干细胞主要包括胚胎干细胞、诱导多能干细胞和成体干细胞。由于干细胞的长期增殖能力、干性维持能力与遗传稳定性有限，无法满足大规模、长期的类器官研究与应用需求。传统干细胞培养多采用 2D 培养方式，由于培养皿的表面空间有限，细胞培养与扩增效率不高，无法满足大规模应用需求。而类器官的自组装过程具有很大的随机性，难以控制类器官形貌尺寸的均一性，从而造成类器官较高的可变性，且通量较低，无法满足实际应用需求。

目标与突破点：干细胞大规模产生及标准化，即通过基因编辑等先进技术，提高干细胞稳定性，优化干细胞种类，建立规范化干细胞操作标准，提供构建类器官的可靠细胞来源；类器官培养体系与质控，即采用自动化的培养技术，建立通量化类器官培养及实时监测系统，突破传统人工操作技术瓶颈，提高类器官制备通量和稳定性，显著降低生产成本。

瓶颈：目前，干细胞的表型维持主要通过优化培养条件与细胞因子组合来实现，但从根本上说，细胞基因型的维持能力才是干细胞长期稳定的关键，相关研究和技术开发尚不足。而类器官形成过程涉及多步操作，过程烦琐，在很大程度上影响类器官的质量和高通量可控产生。

遗传稳定的干细胞具有现实意义，然而干细胞在培养、储存和使用过程中因人为和环境差异导致功能不一，因此应建立制备工艺、质控手段、应用方式等标准，规范化干细胞使用条件。另外，如何提高类器官产生通量、降低其培养成本，一直是制约类器官在生物医药领域广泛应用的重要因素。尽管类器官培养手段已有长足发展，相应的设备也较为齐全，但需大量人工操作、无法系统性呈现数据分析等仍是该领域的难点问题。需重点解决的是如何将现有的技术和设备进行自动化整合，在确保所有操作细节有序完整的前提下，获得高质量的细胞产品。

近期：建立大量、稳定的干细胞来源；建立高通量类器官培养体系。

至 2030 年：干细胞制备体系的标准化及规范；大规模、自动化类器官培养系统的开发。

潜在解决方案

为获得干性稳定、长期增殖的干细胞来源，可基于 CRISPR-Cas9 等基因编辑技术，对不同来源干细胞从单细胞水平进行基因编辑与筛选，建立规范化干细胞操作标准，减少干细胞使用过程中产生的偏差；构建适合类器官生长和发育的生物反应体系及生物相容介孔材料等体系，以解决类器官培养通量低等问题。

针对已分化的成体细胞或成体干细胞，可通过重编程或基因编辑方式增强其干性维持能力；针对全能或多能干细胞，可通过基因编辑方式增强其向某一特定组织、器官分化的能力，从而获得具有明确分化方向及遗传稳定性的干细胞，进一步建立制备工艺、质控手段、应用方式等标准。

将自动化培养相关模块和设备整合到类器官培养过程中，满足其中的换液、传代、细胞收集等多元化需求，提供大量可用的细胞产品。

在现有技术基础上，对部分关键技术进一步提升以满足规模化生产和应用需求，同时将自主研发的自动化操控程序用于类器官培养过程的智能操纵，在节约人力成本的同时，极大地提高生产效率。

（2）类器官设计、合成与构建策略

现有技术： 通常类器官的产生是将干细胞形成的拟胚体包埋在动物来源细胞外基质（如 Matrigel）中进行静态培养，如脑和视杯样类器官等。然而，动物源性的细胞外基质成分复杂，且具有批次间差异，可能会导致类器官具有较高的可变性。现有类器官培养体系仍缺乏可控的理化微环境，缺少关键细胞类型（血管内皮细胞、免疫细胞等）和管道结构等，可能导致类器官具有较高的可变性和较低的成熟度。此外，类器官体系分析通量较低，难以实现类器官间的相互作用研究等。

目标与突破点： 新型类器官培养基质材料的设计开发，是采用高分子从头合成的方式，获取干细胞分化与类器官培养所需成分明确的基质材料，指导不同类型的类器官可控形成。

类器官培养微环境的精确调控，即结合工程学与材料学技术，设计合成具有可调物理特性和一致拓扑结构的先进功能材料，实现类器官微环境的生化、物理等重要参数的精准调控。

类器官长期功能维持与大尺度类器官构建，即结合多学科方法手段，建立多细胞组分、结构与功能复杂的类器官，解决类器官管道化、相互作用与大尺度类器官形成的问题。

瓶颈：现有类器官培养的基质材料，大部分为天然来源，具有批次间差异，降低了类器官基质微环境的可控性，影响类器官形成的一致性。

现有类器官培养体系无法精确调控生物物理（如机械力、流体和电刺激等）及生物化学（如因子梯度）微环境因素，导致类器官具有较高的可变性和较低的成熟度。

体内组织器官微环境具有极大的复杂性，现有类器官培养体系不能同时确保多种微环境因素的精确调控，从而限制了复杂类器官的形成和发育。

随着类器官培养时间延长，其尺寸不断增大，类器官内部细胞易出现坏死现象，影响类器官的长期存活；而不同类器官的培养环境不同，尤其是培养基组分差异很大，难以实现多种类器官共培养和功能偶联。

现有类器官培养方式可简单进行血管内皮细胞等与类器官的共培养，但无法实现复杂多层级结构的发育，也无法实现多种类器官的共培养与互作研究，影响类器官的长期存活和功能成熟。

近期：降低人工合成材料批次组分差异（<10%）；类器官形成的微环境构建；类器官长时程的稳定培养。

至 2030 年：降低人工合成材料批次组分差异（<5%）；类器官形成微环境的精确调控；类器官的长期稳定培养与功能维持。

潜在解决方案

采用天然材料与人工合成材料结合使用的方式，增加材料纯化与质控步骤，降低基质材料的批次差异，以获取成分明确的类器官培养基质材料；根据不同类器官特点，优化其基质材料最佳组分。

在全合成人工高分子材料的基础上，将天然基质材料中的关键功能基团（如胶原和层粘连蛋白等）修饰到其中，增加材料的功能性和机械性能；根据不同类器官特点，开发定制化基质材料，从而提高类器官模型的仿生性。

开发新型光响应异构高分子，实现细胞外基质材料物理性能的精确调控；结合微加工技术，增加材料的拓扑结构，引导类器官形态发生；建立光、电等可控物理刺激技术，实现类器官微环境中生物物理参数的简单控制。

可在解析重要微环境参数与类器官功能分化、结构形成的关联性基础上，建立声、光、电、磁、力等可控物理刺激技术，实现复杂物理参数调控；同时，结合微流控、因子梯度生成等技术，实现生化参数的精确控制。

基于生物学手段，建立功能血管网络，促进类器官内部物质交换，使其稳定培养尺寸达 500 μm 以上，并提高类器官细胞组分的复杂性；开发兼容 3～5 种类器官共培养的通用型培养基，初步实现类器官共培养与功能关联。

结合多学科交叉手段（如生物打印），创建多层级管道结构，形成复杂类器官，并使其长期培养达 12 个月以上；同时，使类器官尺寸提升至毫米或厘米量级，进一步建立具有更复杂结构、细胞组分和功能的类器官；开发兼容性更好的通用型培养基，以满足 5 种或 5 种以上的类器官共培养。

（3）类器官的信息监测分析与数字化建模

现有技术：类器官静态培养尺寸多处于微米至毫米级，若通过引入动态培养体系和管道化等延长类器官培养时间，其尺寸可进一步增大，这给类器官深度成像和高内涵分析造成了很大困难。另外，体内器官发育过程复杂，涉及细胞内、外大量的生物化学和生物物理信号变化。而现有类器官体系缺少有效的原位信息采集与高通量分析处理技术。利用生物传感技术和人工智能结合的方式对类器官功能进行多模态、实时检测，智能分析与理论模型建立，是该领域的重点发展方向之一。

目标与突破点：开发类器官的信息采集与分析新技术、新方法。结合人工智能与生物传感、成像技术等，开发适用于类器官体系的多模态功能监测新方法，采集类器官模型中的关键生物学信息，建立类器官功能数据库与智能分析技术。

类器官的数字化建模，即基于类器官多模态数据库，整合类器官增殖、分化、功能、结构形成等信息，构建能够体现类器官发育、结构、功能、生理/病理转化特征的数字化模型，实现部分关键类器官系统的数据可视化。

瓶颈：现有类器官培养体系中，主要依赖光学检测，很难实现多模态、多维度生物学信息的在线采集，更无法实现实时动态的信息反馈与调节；类器官的发育过程、形态变化和功能表达均十分复杂，通过单一参数的记录与分析，很难发现其内在规律；缺少具有总结性和预测性的理论模型；应对复杂的生物体系，尤其是类器

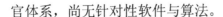

官体系，尚无针对性软件与算法。

近期：类器官的多模态、多维度功能监测方法；类器官的数字化模型构建。

至 2030 年：类器官智能分析与数据建模方法；类器官的功能数字化评估。

潜在解决方案

通过在类器官培养装置中集成微电极阵列，并建立基于光、电等多模功能监测方法，可实现类器官代谢和电生理等功能的实时在线监测；开发新型透明化技术，可降低实验时间和成本。基于此，可建立类器官数据汇交软件与多模态数据库，数据库样本量不低于 $2×10^4$ 个。

人工智能技术适用于对大数据进行深度分析与发展趋势预测，将其用于类器官多模态数据的智能分析，可实现类器官关键生物学数据的智能分析与预测；结合深度学习，可开发类器官图像智能分析软件，进一步扩大类器官多模态数据库样本量至 10^5 个。

基于类器官构建与培养过程中获取的类器官增殖、分化等数据，建立能够反映类器官结构、功能、生理/病理转归的数字化模型，从而初步建立干细胞与类器官数据资源标准化指南，并支持不少于 5 种来源的数据可视化。

基于现有图像重建和有限元计算分析技术，探究类器官尺度、结构、细胞类型、生理指标、图像信号等数据间的关系；构建体外器官模拟数据管理系统，支持不少于 10 种来源的数据可视化。

3.8.5　小　　结

类器官已在组织器官发育、疾病模拟、药物筛选和器官修复等领域显示出广泛的应用前景。然而，现阶段类器官模型体系在细胞来源、细胞外基质等方面尚未实现标准化，并且类器官在长期培养、功能成熟、多器官互联、功能信息输出和理论建模等方面仍有很大的发展空间。本研究结合多学科交叉手段，将基因编辑、生物材料、器官芯片、生物打印、多模态信息采集与分析等技术应用于类器官工程研究，预期将创建具有更高生理相关性的 3D 组织器官模型体系，并从理论和实践两个层面充分发挥类器官的应用价值，为人体复杂生命系统体外构建及动物替代等生物医学应用提供新的策略和平台。

参 考 文 献

[1] Weiss P, Taylor A C. Reconstitution of complete organs from single-cell suspensions of chick embryos in advanced stages of differentiation. Proc Natl Acad Sci USA, 1960, 46(9): 1177-1185.

[2] Sato T, Vries R G, Snippert H J, et al. Single Lgr5 stem cells build crypt-villus structures in vitro without a mesenchymal niche. Nature, 2009, 459(7244): 262-265.

[3] Lancaster M A, Renner M, Martin C A, et al. Cerebral organoids model human brain development and microcephaly. Nature, 2013, 501(7467): 373-379.

[4] Li L, Knutsdottir H, Hui K, et al. Human primary liver cancer organoids reveal intratumor and interpatient drug response heterogeneity. JCI Insight, 2019, 4(2): e121490.

[5] Lesavage B L, Suhar R A, Broguiere N, et al. Next-generation cancer organoids. Nat Mater, 2022, 21(2): 143-159.

[6] Kim J, Koo B K, Knoblich J A. Human organoids: Model systems for human biology and medicine. Nature Reviews Molecular Cell Biology, 2020, 21(10): 571-584.

[7] Lancaster M A, Knoblich J A. Organogenesis in a dish: Modeling development and disease using organoid technologies. Science, 2014, 345(6194): 1247125.

[8] Mccracken K W, Cata E M, Crawford C M, et al. Modelling human development and disease in pluripotent stem-cell-derived gastric organoids. Nature, 2014, 516(7531): 400-404.

[9] Zhang Y S, Pi Q M, Van Genderen A M. Microfluidic bioprinting for engineering vascularized tissues and organoids. Jove-Journal of Visualized Experiments, 2017, 126: e55957.

[10] Yin F, Zhang X, Wang L, et al. HiPSC-derived multi-organoids-on-chip system for safety assessment of antidepressant drugs. Lab Chip, 2021, 21(3): 571-581.

[11] Tao T, Deng P, Wang Y, et al. Microengineered multi-organoid system from hiPSCs to recapitulate human liver-islet axis in normal and type 2 diabetes. Adv Sci(Weinh), 2022, 9(5): e2103495.

[12] Wang X, Yamamoto Y, Wilson L H, et al. Cloning and variation of ground state intestinal stem cells. Nature, 2015, 522(7555): 173-178.

非天然编码与合成生物体系

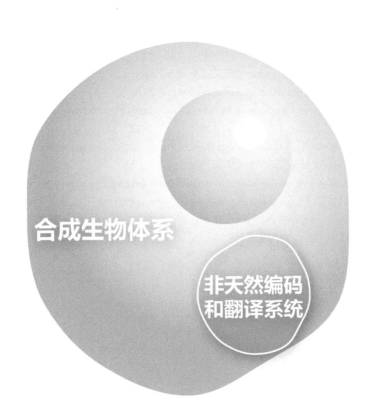

合成生物体系

非天然编码
和翻译系统

编写人员　陈　鹏　王　杰　葛　韵　郝子洋

3.9 非天然编码与合成生物体系

3.9.1 摘 要

遗传编码系统具有高度的保守性。不论是低等生物还是高等生物，都使用相同的 20 种氨基酸、同一套密码子及统一的编译规则来进行蛋白质的合成。如果要实现非天然氨基酸（UAA）的遗传编码，就意味着要构建一整套全新且正交的生物元件，包括：新的 tRNA、氨酰 tRNA 合成酶（aaRS）和密码子，甚至需要新的核糖体[1, 2]。近 30 年的研究中，研究者通过对各类元件的不断开发和更新换代，现已实现对超过 300 种非天然氨基酸成功进行遗传编码[3]，并可以在一个蛋白质上最多同时定点引入 4 个非天然氨基酸[4]。非天然编码系统的发展，使得蛋白质的化学空间和功能得到了极大的拓展。在本节中，我们阐明了非天然编码系统当前存在的瓶颈和未来主要的发展路线，包括：遗传密码子扩展及非天然氨基酸编译的扩展和建立；基于人造碱基的遗传信息系统扩展技术的进一步发展；基于非天然氨基酸在蛋白质工程中的应用等。

3.9.2 技 术 简 介

（1）遗传密码子扩展及非天然氨基酸的编译

在经典的蛋白质翻译过程中，游离的氨基酸在氨酰 tRNA 合成酶的催化下与相应的 tRNA 生成氨酰 tRNA，然后氨酰 tRNA 在游离核糖体的帮助下与肽链的碳端形成肽键而被插入到肽链。利用不同物种的氨酰 tRNA 合成酶/tRNA 对之间的正交性，并借用琥珀终止子（TAG）作为编码的密码子，可以实现对非天然氨基酸的编码。自 1989 年非天然氨基酸在试管中通过遗传编码的方式被引入到蛋白质中，到吡咯赖氨酸氨酰 tRNA 合成酶体系（PylRS-tRNA）的发现，再到转基因小鼠上的遗传密码子的扩展，研究者在遗传密码子的扩展和非天然氨基酸的编码方面取得了突破性的进展[2]。

首先，通过对氨酰 tRNA 合成酶及对应 tRNA 进行挖掘、改造和进化，可以实现更多非天然氨基酸的识别和编码。这其中包括多物种来源的生物正交元件的开发和进化、PylRS-tRNA 等穿梭体系的发现和改造，以及嵌合体合成酶的设计等，这些技术的出现为蛋白质中引入化学多样性奠定了基础[5]。

其次，为了实现在同一个蛋白质中编码多个非天然氨基酸，仅有 TAG 一个编码密码子远远不够，因此，开发新的、用于编码非天然氨基酸的密码子也是遗传密码子扩展的重要内容之一。通过四联密码子技术，或者基因组层面冗余密码子的替换和简并（例如，将 6 个编码丝氨酸密码子缩减为 4 个），可以增加用于编码非天然氨基酸的密码子数量，实现对多个非天然氨基酸的同时编码[6]。

最后，为实现遗传密码子扩展技术在不同生物体中的应用，需要将这一技术扩展至不同的生物体，从大肠杆菌、志贺氏杆菌等原核生物，到酵母等真核系统，再到线虫、果蝇、斑马鱼等多细胞模式生物，最后到小鼠等哺乳动物[7]，研究者不断突破非天然氨基酸编码技术的极限和边界，实现了另一维度上的遗传密码子扩展。

（2）非天然碱基核酸的转录和翻译

1989 年，Benner 研究组首先成功实现了基于氢键配对的人造碱基对 isoG-isoC 的 DNA 体外复制和转录，开启了人工扩展遗传字母表的序幕[8]。2006 年，Hirao 研究组首次实现了包含 Ds-Pa 人工碱基的高效 PCR 扩增和体外转录[9]。从体外走向体内又经过近 20 年的发展，直到 Floyd E. Romesberg 研究组在 2014 年成功构建了包含一对人造碱基对（dNaM-d5SICS）的六核酸分子人工合成细菌，首次成功实现人造碱基对的体内复制[10]。这一里程碑式的成果标志着人造碱基的研究工作正式从体外步入了体内。人造碱基不仅在结构上模拟天然碱基的特征，还从实际功能出发来进行设计和优化，目前已有包括 s-y、Ds-Pa/Ds-Px、NaM-5SICS/NaM-TPT3 等在内的人工碱基实现了体外/体内的复制和转录。2017 年，Floyd E. Romesberg 研究组通过改良 tRNA，识别人造 DNA 碱基 X 和 Y（dNaM 和 dTPT3），并将两种非天然氨基酸 PrK 和 pAzF 运输到核糖体中，最终成功实现了非天然碱基的体内复制、转录和翻译[11]。这一工作从人造碱基系统出发，第一次以非天然的形式重现了中心法则，为密码子拓展研究和应用提供了一种极具潜力的新途径。X 和 Y 人造碱基的引入使得遗传密码从 4 个变为 6 个，可额外增加至多 152 种不同的氨基酸编码。这极大地丰富了非天然氨基酸在功能蛋白质中的插入，进一步拓展了非天然编码体系甚至新型生命形式。

154

（3）基于非天然氨基酸的蛋白质工程

非天然氨基酸借助化学侧链的多样性极大地拓展了蛋白质结构和功能的多样性[12]。作为生物物理探针的非天然氨基酸，可以辅助 NMR、X 射线晶体衍射等多种生物物理成像方式表征蛋白；通过引入含生物正交官能团的非天然氨基酸[13]，可以实现蛋白质位点特异性标记和示踪，也可以通过剪切反应实现蛋白质活性调控[14]；引入光交联基团可以捕获相互作用蛋白组[15]；通过非天然氨基酸定点插入可以模拟蛋白质翻译后修饰[16]。借助该拓展后的非天然氨基酸，可以改善蛋白质理化性质，设计和进化新型活性蛋白质[17]。

在疾病治疗应用上[18]，非天然氨基酸除了辅助设计开发蛋白质前药、蛋白质偶联药物和共价蛋白质药物等，还可以利用遗传密码子拓展体系的正交性，构建非天然氨基酸依赖的缺陷体，发展小分子调控的 CAR-T [19]、衰减疫苗[20]、生物安全的工程菌[21]及病原体等。

3.9.3 路 线 图

当前已经实现多种非天然氨基酸的遗传编码，但是还存在两大重要的科学问题需要突破：一是用于编码非天然氨基酸的密码子数量仍然较少，在蛋白质中同时编码多个非天然氨基酸仍有不小的挑战；二是非天然氨基酸的引入效率不足，人工进化的 aaRS-tRNA-UAA 系统，大多数情况下还难以和天然翻译系统的元件相媲美，尤其是引入多个非天然氨基酸时，其效率会显著下降。在真核生物中应用遗传密码子扩展技术的技术难点主要有：翻译过程 mRNA 缺乏特异性，可能会出现误翻译；在不改变宿主功能的情况下，能够被重新分配的密码子数量有限；缺乏正交 aaRS/tRNA 对。为了攻克以上技术难点，以下三个方面是该领域的重要突破口。

当前水平		
已开发多种编码 UAA 的密码子，并实现多种 UAA 编译系统的生物的正交元件的开发，但编译效率相对不足、难以和天然翻译系统的元件相媲美。		

目标 1：按需设计、生成和进化含有多种非天然氨基酸的蛋白质

突破能力	近期进展	至 2030 年进展
编码非天然氨基酸的密码子的扩充，包括基因组冗余密码子的释放、新型密码子的开发等	开发 5 种新的密码子用于编码非天然氨基酸 • 针对模式生物进行大规模基因编辑，释放冗余密码子（四联密码子） • 开发新型的密码子 • 大幅提升新密码子之间的正交性	开发 10 种接近天然编译系统效率的非天然氨基酸密码子 • 持续释放冗余密码子，开发新型密码子 • 开发 10 种以上匹配新型密码子的 tRNA 元件 • 大幅提升新密码子及对应 aaRS/tRNA 等元件的编译效率及广谱正交性

目标 2：正交遗传编码元件的系统性、规模化开发

突破能力	近期进展	至 2030 年进展
非天然编码系统中的广谱正交元件的大幅扩充、各类不同结构的非天然氨基酸的识别及定点引入	构建 20 种以上广谱正交的 tRNA 及对应合成酶元件 • 多种广谱正交 tRNA、aaRS 的开发及定向进化 • 正交 tRNA、aaRS 元件与新型密码子之间的文叉对接 • 不同编译系统在常见模式生物中的正交性表征	多种广谱正交元件的"即插即用" • 实现多种非天然氨基酸的体内合成，并完成与遗传编码的对接 • 技术的对接 • 构建多种 UAA 按需编码的工具，实现 UAA 等元件的"即插即用" • 多种 UAA 编码系统在不同模式生物中的"即插即用"

图 1 遗传密码子扩展及非天然氨基酸的编译路线图

当前水平

已开发多种基于氢键配对和疏水作用的非天然碱基对，在大肠杆菌上构建了半合成系统，并实现了一对入造碱基的体内复制、转录和非天然氨基酸的翻译。

目标 1: 拓展非天然碱基的密码子实现对多种非天然氨基酸的遗传编码

突破能力	近期进展	至 2030 年进展
优化人工碱基对，实现体内多种非天然氨基酸的稳定高效编码	**拓展 2~3 种新的人造碱基对用于高效编码非天然氨基酸** • 原核生物体内同一基因中同时高效编码 2~3 种非天然碱基对 • 发展人造碱基编码体系维持系统，降低碱基错配及 DNA 修复	**开发 10 种接近天然翻译系统效率的非天然氨基酸密码子** • 人造碱基引入 4 碱基密码子，优化翻译系统，实现 10 种以上非天然氨基酸的高效插入 • 开发接近天然翻译系统的高稳定性、高保真的入造碱基编码系统

目标 2: 非天然碱基在模式生命系统中的整合

突破能力	近期进展	至 2030 年进展
拓展编码人造碱基的底盘微生物，发展真核生物体内人造碱基密码子扩展系统	**基于现有非天然碱基对的密码子拓展适配底盘微生物** • 建立 2~4 种底盘细菌的高效人造碱基密码子扩展系统	**建立真核生物的半合成生物系统** • 建立真核生物体内人造碱基密码子扩展系统，实现非天然氨基酸的高效插入

图 2 非天然碱基核酸的转录和翻译

当前水平

已通过 UAA 实现对生物大分子的修饰和衍生化，开发多样新型蛋白质类药物；成功制备 UAA 依赖的 CAR-T 细胞、病毒疫苗等；但目前 UAA 功能相对单一，应用场景有限。

目标 1：通过非天然氨基酸获得新的治疗策略

突破能力	近期进展	至 2030 年进展
含非天然氨基酸的新型蛋白药物的设计；非天然氨基酸依赖的药物生产；含多元非天然氨基酸插入及路线依赖的智能体的构建	拓展含有多种非天然氨基酸的功能性蛋白 • 实现含磷酸化、糖基化等翻译后修饰的定点多位点插入 • 设计并开发 5 种以上的全新非天然氨基酸中心和反应类型 • 设计并实现多种含非天然氨基酸辅助的蛋白药物用于疾病治疗的作用新模式 • 借助优化后的非天然氨基酸翻译系统，优化 UAA 的工业合成，插入数目、效率和相应蛋白表达量，使含 UAA 的功能性蛋白达到工业生产要求	构建利用非天然氨基酸的智能菌或细胞 • 多正交合成系统的构建，含非天然氨基酸的新功能蛋白元件的组合线路设计平台的数据采集和功能完善 • 制备整合多条含非天然氨基酸信号线路的智能细胞或工程菌完成三种以上功能 • 针对疾病治疗，开发非天然氨基酸依赖的智能菌/细胞，完成临床试验研究

图 3　基于非天然氨基酸的蛋白质工程路线图

3.9.4 技术路径

（1）遗传密码子扩展及非天然氨基酸的编译

现有技术：虽然已有多种非天然氨基酸可以被遗传编码，但实现含非天然氨基酸蛋白质的按需设计和合成，还存在较大挑战。首先，用于编码非天然氨基酸的密码子还十分有限，实现多种非天然氨基酸的同时编码、高效获得含有多个非天然单元构成的蛋白质仍有困难。其次，用于识别非天然氨基酸的氨酰 tRNA 合成酶系统相对有限，使得可以引入的非天然化学结构还存在较大的扩展空间。最后，目前已实现遗传编码的非天然氨基酸，其引入效率与天然氨基酸的编码系统相比还存在差距，当引入多个非天然氨基酸时，翻译效率会显著下降。

当前已有 MjTyrRS、PylRS、LeuRS、ChPheRS 等多种非天然氨基酸编码系统，但对于同时编码多种氨基酸来说仍然不够。虽然 Chin 等通过设计和进化开发了多种广谱正交的 tRNA，但其翻译效率相比于天然系统仍然远远不够。

目标与突破点：按需设计、生成和进化含有多种非天然氨基酸的蛋白质，翻译得到具有至少 5 个不同非天然氨基酸构建模块的蛋白质；大幅扩充非天然编码系统，构建 20 种以上非天然编码广谱正交元件。

瓶颈：没有足够的正交密码子用于编码非天然氨基酸；没有足够的相互正交的氨酰 tRNA 合成酶（aaRS）/tRNA 对用于非天然结构的合成。非天然氨基酸在大多数情况下是化学合成的，这可能在大规模应用中限制了它们的使用。可以遗传编码的非天然氨基酸多达几百种，但是编码系统元件有限，限制了化学多样性的引入。用于编码非天然氨基酸的正交系统数量有限；大多数非天然氨基酸编码元件的编码效率不高。

近期：合成含有三个或以上不同的非天然氨基酸的蛋白质；基于正交元件挖掘、嵌合体技术和定向进化构建 10 种以上的广谱正交元件。

至 2030 年：整合非天然氨基酸生物合成体系和遗传密码子扩展系统；基于蛋白质 /tRNA 的从头设计和大规模基因挖掘开发新型的生物正交元件，实现近似"野生型"的非天然氨基酸引入效率。

潜在解决方案

开发四联密码子系统，释放基因组冗余的密码子，开发正交核糖体（orthogonal ribosome）的基因组编码的菌株，利用特殊 tRNA 进行特殊信息的遗传编译；设计和改造得到正交核糖体，或者扩展新的、相互正交的 aaRS/tRNA 对；利用细胞器遗传密码和相关的 aaRS/tRNA 对设计的生物合成途径能够在体内产生非天然氨基酸；开发构建新型蛋白质改进策略和工具（如嵌合体技术、连续定向进化技术），构建多种广谱正交的编码系统元件；建立基于蛋白质-tRNA 复合物的从头设计模型，开发针对合成酶和 tRNA 的共进化方法。

（2）非天然碱基核酸的转录和翻译

现有技术：利用非天然碱基 X、Y（dNaM 及 dTPT3）插入密码子中组成了新的密码子（如 AXC）；通过引入带有反密码子 GYT 的 tRNA，初步实现了非天然氨基酸的编码和定点插入。非天然碱基的基因可以初步在大肠杆菌中实现转录、翻译和编码非天然氨基酸的功能。

目标与突破点：利用非天然碱基的密码子实现对多种非天然氨基酸的遗传编码，优化人工碱基对，实现体内多种非天然氨基酸的编码。基于现有非天然碱基对的密码子拓展适配底盘微生物，从而扩大半合成生物（semisynthetic organism，SSO）系统，实现非天然碱基在模式生命系统中的整合。

瓶颈：天然碱基的四联密码子系统已应用于非天然氨基酸的插入，人造碱基仅掺入到三联密码子中，尚未拓展到四联密码子；维持含人造碱基的基因的稳定性，降低由人造碱基错配引起的 DNA 修复是当前的一大挑战；人造碱基对的复制保真性较天然碱基对而言仍然存在明显差距。人造碱基仅能在大肠杆菌中编码非天然氨基酸，目前还不能在真核生物中编码非天然氨基酸。

近期：原核生物体内同一基因中同时高效编码 2～3 种非天然碱基，实现 2～3 种非天然氨基酸的高效插入；发展人造碱基编码体系维持系统，降低碱基错配及 DNA 修复；拓展 2～3 种适用于人造碱基对复制、转录和翻译的底盘微生物。

至 2030 年：人造碱基引入四联密码子，优化相应翻译系统，实现 10 种以上的非天然氨基酸高效插入；建立基于人造碱基的高稳定性、高保真密码子扩展系统；

建立真核生物体内的人工碱基密码子扩展系统，实现非天然氨基酸的高效插入，用于药物蛋白、疫苗、靶向蛋白定点修饰和功能调控。

潜在解决方案

在优化条件的背景下探索可替代的（先前探索的）非天然碱基对，特别是那些不扰乱 DNA 的双螺旋结构，并且可以并入任何序列环境中的碱基对；改良现有 Z-PandDs-Px 体系或开发新的人造碱基系统实现体内复制、转录；扩展识别非天然碱基的 tRNA，实现原核生物体内同一基因中同时高效编码 2～3 种人造碱基和多种非天然氨基酸的高效插入；优化相应 tRNA 和核糖体用于识别含有人造碱基的四联密码子；对非天然碱基/核苷酸的转运合成、DNA 复制酶、与 DNA 修复相关的功能蛋白进行改造，如使用 CRISPR-Cas 系统去除突变的人造碱基对，使人造碱基在体内 DNA 中长时间稳定存在；优化与复制、转录、翻译相关的各种酶及工作元件，如利用 CRISPR-Cas9 系统提高人造碱基复制的保真度；基于现有大肠杆菌人造碱基编码系统，寻找其他微生物中相关编译机器，优化复制、转录、翻译等编译系统，将人造碱基对扩展到 2～4 种底盘微生物。除了考虑非天然碱基对本身的性质外，对真核细胞与人造碱基转运合成相关蛋白、DNA 复制酶、RNA 聚合酶、tRNA、核糖体等相关功能蛋白进行改造，实现在真核细胞内基于人造碱基编码非天然氨基酸。

（3）基于非天然氨基酸的蛋白质工程

现有技术：目前，利用非天然氨基酸定点插入可实现对细胞因子、生长因子及抗体等生物大分子药物的修饰和衍生化，提高药物效用、均一性、靶向性和安全性。近年来，借助邻近效应，非天然氨基酸插入的共价蛋白药物也开始发展。此外，借助遗传密码子拓展系统的正交性，可以制备非天然氨基酸依赖的 CAR-T、减毒或衰减的 HIV 和流感疫苗。不仅如此，含有活性结构的非天然氨基酸的遗传编码，在新型人工酶的设计和分子识别蛋白的开发方面的革新初见成效，并已应用于高效合成、精准识别和惰性键活化等领域。目前对非天然氨基酸的遗传编码的应用主要集中于利用单个非天然氨基酸的反应性和正交性，功能模式相对单一，难以实现多个非天然氨基酸在同一蛋白质中的按需使用。

目标与突破点：通过非天然氨基酸获得新的治疗策略，突破遗传密码子拓展技

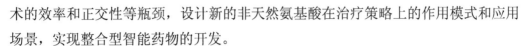

术的效率和正交性等瓶颈，设计新的非天然氨基酸在治疗策略上的作用模式和应用场景，实现整合型智能药物的开发。

瓶颈：非天然氨基酸类型和遗传密码系统的蛋白质表达效率及规模仍需扩展；含多个非天然氨基酸的多路径生物途径或信号线路还难以构建；智能菌在生物体内的安全性和效力不高；对智能菌或细胞内的多条非天然氨基酸引入通路难以实现定量控制。

近期：拓展含有多种非天然氨基酸的功能性蛋白。

至 2030 年：构建利用非天然氨基酸的智能菌或细胞。

潜在解决方案

开发特定的菌株、氨酰 tRNA 合成酶/tRNA 对系统、核糖体和基因组重新编码的生物，实现特殊非天然氨基酸的插入表达；提高非天然系统的正交性，优化非天然氨基酸的工业合成、插入数目、效率和相应蛋白表达量；开发非天然氨基酸介导的蛋白质功能化新模式。

多元正交合成系统的构建、含非天然氨基酸的新功能蛋白元件的组合线路设计平台的数据采集和功能完善；对不同非天然氨基酸插入效率、对应蛋白功能元件的活性进行精确定量、统一设计和均衡。

3.9.5 小 结

非天然氨基酸在蛋白质中的引入极大程度拓展了蛋白质的化学空间和功能。当前，虽已实现多种非天然氨基酸的遗传编码，但非天然氨基酸编译系统在蛋白质功能改造和改进中的优势还未被完全开发，未来该领域的发展方向包括以下两点：一是大幅扩充编码非天然氨基酸的密码子，在蛋白质中实现多个非天然氨基酸的同时编码；二是提升非天然氨基酸的引入效率，使得人工进化的 aaRS-tRNA-UAA 系统，在编码多个非天然氨基酸方面可以与天然翻译系统的元件相媲美。因此，系统性地开发编码非天然氨基酸的密码子、元件和编译系统，将为已有功能蛋白的改进、新型功能蛋白的开发提供强有力的支撑，也将对医药、化工、食品、酶工业、农业等相关功能蛋白的工业体系带来革命性变化。

参 考 文 献

[1] Liu C C, Schultz P G. Adding new chemistries to the genetic code . Annual Review of Biochemistry, 2010, 79: 413-444.

[2] Chin J W. Expanding and reprogramming the genetic code . Nature, 2017, 550: 53.

[3] Dumas A, Lercher L, Spicer C D, et al. Designing logical codon reassignment - Expanding the chemistry in biology. Chemical Science, 2015, 6(1): 50-69.

[4] Dunkelmann D L, Oehm S B, Beattie A T, et al. A 68-codon genetic code to incorporate four distinct non-canonical amino acids enabled by automated orthogonal mRNA design. Nature Chemistry, 2021, 13(11): 1110-1117.

[5] De La Torre D, Chin J W. Reprogramming the genetic code. Nature Reviews Genetics, 2021, 22(3): 169-184.

[6] Fredens J, Wang K, De La Torre D, et al. Total synthesis of *Escherichia coli* with a recoded genome. Nature, 2019, 569(7757): 514-518.

[7] Brown W, Liu J, Deiters A. Genetic code expansion in animals. ACS Chemical Biology, 2018, 13(9): 2375-2386.

[8] Switzer C, Moroney S E, Benner S A. Enzymatic incorporation of a new base pair into DNA and RNA. Journal of the American Chemical Society, 1989, 111(21): 8322-8323.

[9] Hirao I, Kimoto M, Mitsui T, et al. An unnatural hydrophobic base pair system: Site-specific incorporation of nucleotide analogs into DNA and RNA. Nature Methods, 2006, 3: 729-735.

[10] Malyshev D A, Dhami K, Lavergne T, et al. A semi-synthetic organism with an expanded genetic alphabet. Nature, 2014, 509(7500): 385-388.

[11] Zhang Y, Ptacin J L, Fischer E C, et al. A semi-synthetic organism that stores and retrieves increased genetic information. Nature, 2017, 551(7682): 644-647.

[12] Chin J W. Expanding and reprogramming the genetic code. Nature, 2017, 550(7674): 53-60.

[13] Lang K, Chin J W. Cellular incorporation of unnatural amino acids and bioorthogonal labeling of proteins. Chem Rev, 2014, 114(9): 4764-4806.

[14] Wang J, Wang X, Fan X, et al. Unleashing the power of bond cleavage chemistry in living systems. ACS Cent Sci, 2021, 7(6): 929-943.

[15] Nguyen T A, Cigler M, Lang K. Expanding the genetic code to study protein-protein interactions. Angew Chem Int Ed, 2018, 57(44): 14350-14361.

[16] Conibear A C. Deciphering protein post-translational modifications using chemical biology tools. Nature Reviews Chemistry, 2020, 4(12): 674-695.

[17] Drienovská I, Roelfes G. Expanding the enzyme universe with genetically encoded unnatural amino acids. Nature Catalysis, 2020, 3(3): 193-202.

[18] Huang Y, Liu T. Therapeutic applications of genetic code expansion. Synth Syst Biotechnol, 2018, 3(3): 150-158.

[19] Ma J S, Kim J Y, Kazane S A, et al. Versatile strategy for controlling the specificity and activity of engineered T cells. Proc Natl Acad Sci USA, 2016, 113(4): E450-458.

[20] Si L, Xu H, Zhou X, et al. Generation of influenza A viruses as live but replication-incompetent virus vaccines. Science, 2016, 354(6316): 1170-1173.

[21] Mandell D J, Lajoie M J, Mee M T, et al. Biocontainment of genetically modified organisms by synthetic protein design. Nature, 2015, 518(7537): 55-60.

生物－非生物杂合体系

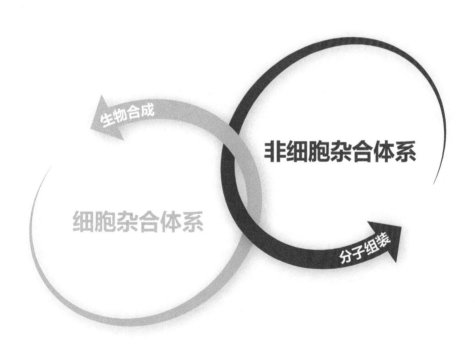

生物合成

非细胞杂合体系

细胞杂合体系

分子组装

编写人员　李　峰　崔宗强　庞代文　张先恩

3.10 生物-非生物杂合体系

3.10.1 摘　　要

生物-非生物杂合体系是指由生物（如核酸、蛋白质、病毒等）和非生物（如无机微纳材料等）组分构成的元件或系统。生物组分和非生物组分可以通过分子组装、生物矿化等途径有序地结合在一起，带来性质增强或功能涌现。近年来，生物-非生物杂合体系构建技术在纳米科学、材料学、合成生物学等不同学科和技术的交叉融合中逐渐形成与发展，在医药、诊断、传感、能源等各领域展现了巨大的应用潜力。然而，由于非生物材料的生物合成技术还十分局限，生物组分与非生物组分有序杂合的控制能力较弱，缺乏系统的理论指导，杂合体系的构建效率和应用范围有限，稳定、规模化制备也存在困难。预期至 2030 年，生物-非生物杂合体系技术能够在非生物组分的生物合成、生物-非生物组分的杂合调控、杂合底盘细胞的构建与应用适配等方面取得突破，并为生物成像与传感、药物递送、新型疫苗研发、人工光合作用等领域提供关键技术平台。

3.10.2 技 术 简 介

生物体中执行功能的分子主要是蛋白质、核酸、脂质等有机分子，通过合成生物技术将无机材料等非生物分子引入生物系统，可显著拓展其功能。近年来，人们已经能够通过将无机纳米粒子直接负载于细胞，或代谢调控耦合直接在活细胞内合成无机纳米材料的方式，展现生物-非生物杂合体系的独特优势，杂合体系已成为合成生物技术发展的一个新增长点[1~3]。与传统的细胞工程化改造不同，无机材料等非生物组分的引入，在可预测性、兼容性、标准化等方面面临更大的挑战。生物-非生物杂合体系可分为非细胞杂合体系和杂合细胞体系，其构建涉及非生物成分的生物合成设计、生物-非生物组分杂合、杂合体系与细胞生命系统的适配、杂合细胞与天然细胞的协同等多个层面。

167

（1）非细胞杂合体系

非细胞杂合体系由生物组分与非生物组分分别合成后复合而成。其复合一般通过化学交联、吸附、矿化、组装等途径实现。生物组分利用工程化的活细胞进行生物合成；非生物组分主要通过化学方法合成。对生物-非生物杂合体系而言，化学方法合成的非生物组分通常是指与生物大分子（如蛋白质、核酸、病毒等）尺度相当的无机纳米材料（如金纳米颗粒、量子点、氧化铁纳米颗粒等）、高分子材料（如聚合物纳米颗粒）等。1998 年，Douglas 等在豇豆褪绿斑驳病毒（Cowpea chlorotic mottle virus，CCMV）的空衣壳中，利用其 pH 依赖的门控机制，矿化合成了无机纳米颗粒[4]。在随后的 20 多年里，不同组分的无机纳米颗粒在各种病毒样颗粒（virus-like particle，VLP）或笼形蛋白内被合成出来，在生物医学成像、疾病诊疗、微电子器件等不同领域得到应用[5, 6]。几乎同时，化学合成的纳米材料与生物大分子的共组装技术也发展起来。例如，Dragnea 等从 2003 年起，在 VLP 中实现了金纳米颗粒、量子点、磁性颗粒等无机材料的包装[7]；Zhang 等在 VLP 中包装量子点后，实现了病毒侵染过程的长时程、单颗粒示踪[8, 9]。目前，相关研究团队能够在一些具有体外自组装特性的笼形蛋白中，矿化或包装无机纳米材料，但对组装的精准有序控制还存在多方面的挑战。

（2）杂合细胞体系

杂合细胞体系是携带或含有无机纳米材料等非生物组分并以之为生物合成产物或功能单元的工程化细胞。非生物组分独特的光、电、热、催化等性质，为增强或创造细胞功能提供了独特的操纵空间。实际上，自然界本就存在通过生物-无机杂合构筑高性能或独特功能结构的体系。例如，骨骼是有机物和无机矿物质高度有序排布形成的组织，兼具韧性、硬度、轻量化等性质；趋磁细菌在胞内合成磁小体，利用地球磁场，为寻找适宜生境提供导航。然而，这类天然体系涉及的材料种类十分有限。2009 年，庞代文团队首次提出时空耦合调控活细胞合成策略，在酵母内可控合成出不同发光颜色的 CdSe 量子点，开启了生物合成无机纳米材料量子点的先河[10]。2016 年，Yang 等以热醋穆尔氏菌为底盘合成 CdS 量子点，借助量子点的优异光吸收性能，将非光合作用的细菌转变为可进行光合作用的细菌，将 CO_2 直接还原为化工原料[11]。因此，杂合细胞体系蕴藏了巨大的创新潜力，可提供人工增强型底盘细胞。杂合细胞体系可通过在活细胞负载化学合成的非生物组分或直接生物合成非生物组分进行构建。根据应用目的，负载形式分为细胞表面负载和跨细胞膜输送两种情况，后者需要把非生物组分递送到特定亚细胞区域，技术上更具挑战性。生物合成非生物组分一般可通过代谢工程、时空耦合等策略实现，目前能通过活细胞生物合成的无机纳米材料主要有量子点、磁性颗粒，种类还比较有限，对生物合成的无机纳米材料理化性质的控制也有待突破[12]。

3.10.3 路 线 图

当前水平

已能够通过化学交联、吸附、矿化、组装等途径实现生物组分（蛋白质、核酸等）与非生物组分（量子点、金纳米颗粒、磁性颗粒等无机纳米材料）的杂合，获得生物组分与非生物组分只能实现的性质互补，并进行了大量新功能的概念性验证研究，但目前只能实现少数种类（主要 2～3 种）组分的杂合。

目标 1：多元组分有序可控杂合

突破能力	近期进展	至 2030 年进展
提升生物-非生物多元组分杂合的复杂度、赋予材料功能多样性	**四元及以上组分有序可控杂合** · 在同一杂合体系中整合 2 种及以上无机纳米材料和 2 种及以上生物组分 · 生物组分与非生物组分相互作用界面解析	**多元组分有序可控杂合与动态控制** · 通过对杂合体系的设计，赋予其对温度、环境 pH、光照等外部条件的响应 · 形成生物-无机纳米材料杂合体系设计的普适性原则

目标 2：生物组分和非生物组分杂合的精准控制

突破能力	近期进展	至 2030 年进展
提升生物组分和非生物组分杂合的适配程度及精准度	**生物组分和非生物组分杂合的精准定量控制** · 丰富非生物组分的表、界面，提升活性反应基团的特异性和适配性 · 发展非细胞杂合系统的精准表征和测量方法	**生物组分和非生物组分杂合的精准定点控制** · 在特定生物组分上可控合成非生物材料，实现对特定生物组分的标记 · 建立量子点、磁性纳米颗粒、金纳米颗粒等非生物组分与蛋白质、核酸等生物组分的即用即前型组装界面 · 实现功能增强的可调与优化

图 1 非细胞杂合体系技术路线图

当前水平

分子水平调控细胞杂合体系，通过细胞内多条代谢路径的协同调整，实现多种功能细胞杂合体系的构建。例如，任酿母菌、细菌、哺乳动物细胞等杂合细胞中实现多种量子点的合成。

目标 1: 非生物组分的活细胞生物合成

突破能力	近期进展	至 2030 年进展
对于特定无机材料，能够快速选定底盘细胞，制定生物合成线路	**无机材料类型与底盘细胞适配** • 实现 3 种以上无机材料体系的生物合成 • 形成 5 种以上不同类型的无机材料生物合成底盘细胞 • 阐明无机材料生物合成的原理与路线	**非生物组分活细胞生物合成的理论体系** • 可对生物合成的无机材料的理化性质进行调控 • 建立非生物材料生物合成的理论体系，从底盘适配、物质基础、能量驱动、调控机制等多维度对非生物材料的生物合成提供可预测性定制方案

目标 2: 生物组分和非生物组分的活细胞原位杂合

突破能力	近期进展	至 2030 年进展
能够对生物组分和非生物组分在活细胞内的杂合进行异种性控制，避免非特异性的干扰，实现生物组分功能增强	**生物组分与外源导入无机材料的活细胞原位杂合** • 发展 2～3 种活细胞原位杂合控制界面 • 建立 2～3 条用于原位杂合的基因线路 • 实现量子点、磁性颗粒等导入活细胞后与生物分子的高效组装	**生物组分与非生物组分的活细胞合成与原位杂合** • 发展 4～6 种活细胞原位杂合控制界面 • 建立 4～6 条用于合成和杂合的基因线路 • 实现活细胞内合成的量子点、磁性颗粒等原位组装，以及杂合产物的高产率制备

目标 3: 人工杂合细胞的功能增强与拓展

突破能力	近期进展	至 2030 年进展
能够利用杂合体系对细胞进行功能增强与拓展	**杂合细胞应用示范** • 构建能稳定高效生产杂合病毒、病毒样颗粒、外泌体等载体的人工细胞 • 发展基于杂合体系的生物感应、疾病诊疗、疫苗、人工光合作用等新技术 • 形成 2～3 种基于杂合细胞系统的生物、医学应用示范	**杂合细胞应用的标准化** • 建立杂合细胞与天然细胞协同工作的标准化接口 • 实现杂合细胞与天然细胞的功能协同与新功能涌现

图 2 细胞杂合体系技术路线图

171

3.10.4 技 术 路 径

（1）非细胞杂合体系技术

现有技术：已能够通过化学交联、吸附、矿化、组装等途径实现生物组分（蛋白质、核酸等）与非生物组分（量子点、金纳米颗粒、磁性颗粒等无机纳米材料）的杂合，获得生物组分与非生物组分的性质互补，并进行了大量新功能的概念性验证研究，但目前只能实现少数种类（主要2~3种）组分的杂合。

为满足各应用领域对新元件、新体系，以及合成生物体系功能增强与拓展的需求，非细胞杂合体系技术的进一步发展将重点围绕杂合组分的多元化、杂合的定点与定量精准控制、杂合体系的标准化等形成突破。

目标与突破点：多元组分有序可控杂合，提升生物-非生物多元组分杂合的复杂度，赋予材料功能多样性；生物组分和非生物组分杂合的精准控制，提升生物组分和非生物组分杂合的适配程度及精准度。

瓶颈：生物大分子与无机材料杂合过程涉及多种分子间作用力，作用位点众多，难以准确调控，现有非细胞杂合体系一般仅仅在简单体系中（一种生物组分和一种非生物组分）才能实现有序控制；随着生物组分与非生物组分种类增多，杂合过程涉及的影响因素陡增，控制难度加大。现有非细胞杂合体系主要是静态结构，限制了杂合体系性质和功能的潜力发挥，无法与具体的应用场景相匹配。

由于生物组分通常表面活性基团众多，而无机纳米材料等非生物组分的表面功能化位点和数量难以精确控制，导致生物组分与非生物的界面复杂，杂合体系中二者的化学计量比难以精准控制。

由于生物组分通常表面活性基团众多且位置分散，而无机纳米材料等非生物组分的表面功能化位点往往具有各向同性，导致生物组分与非生物组分杂合过程中，二者连接或结合位点是随机的，空间特异性差。

近期：实现四元及以上组分有序可控杂合；生物组分和非生物组分杂合的精准定量控制。

至2030年：多元组分有序可控杂合与动态控制；生物组分和非生物组分杂合的精准定点控制。

潜在解决方案

利用结构生物学、分子动力学模拟，筛选若干种模式生物组分（如多组分病毒衣壳、外泌体）与非生物组分体系（表面性质较为清楚的量子点、磁性颗粒等），摸清其多组分组装机制，发展多层级组装策略；基于模式组装体系，结合冷冻电镜、固体核磁、分子动力学模拟等技术，解析杂合体系的组装界面，分析其分子相互作用规律，用于指导生物-非生物杂合体系的可控构建。

通过对杂合体系的设计，赋予其对温度、环境 pH、光照等外部条件的响应，并使生物组分与非生物组分的环境响应特性协同工作，实现杂合体系性质与功能的动态调控；基于模式杂合体系的研究，构建生物-无机纳米材料杂合体系设计的普适性原则。

优化对生物组分与非生物组分表面的改性，从反应界面出发，设计改造相互适配的表面，丰富非生物组分和生物组分的表、界面，提升活性反应基团的特异性和适配性；发展非细胞杂合系统的精准表征和测量方法，服务于杂合体系的可控构建。

利用生物组分高分辨结构信息，在特定生物组分上引入功能位点，介导合成非生物组分，实现位点特异性杂合；发展纳米颗粒精准功能化策略和生物分子接头，建立量子点、磁性纳米颗粒、金纳米颗粒等非生物组分与蛋白质、核酸等生物组分的即插即用型组装界面。

（2）细胞杂合体系技术

现有技术：目前，已经能够在分子水平调控细胞杂合体系，仅利用细胞内单一代谢途径或者胞内氧化/还原性物种进行氧化还原反应合成无机材料。研究团队可通过细胞内多条代谢路径的协同调控，实现多种功能细胞杂合体系的构建，例如，在酵母菌、细菌、哺乳动物细胞中实现多种量子点的合成。

为满足各应用领域对新元件、新系统、新底盘以及合成生物体系功能增强与拓展的需求，杂合细胞体系技术的进一步发展将重点围绕非生物组分的生物合成、活细胞原位杂合、杂合细胞的标准化、杂合细胞与天然细胞的功能协同等进行突破。

目标与突破点：非生物组分的活细胞生物合成，对于特定无机材料，能够快速选定底盘细胞，制定生物合成线路。生物组分和非生物组分的活细胞原位杂合，能够对生物组分和非生物组分在活细胞内的杂合进行特异性控制，避免非特异性生物组分的干扰，实现生物功能增强。人工杂合细胞的功能增强与拓展，能够利用生物-非生物杂合体系对细胞进行功能增强与拓展。

瓶颈： 活细胞对无机材料合成所需原料的结合与摄取涉及蛋白质和细胞通路、原料的胞内转运和转化过程，以及无机材料对细胞自身生命活动的影响，人们都还缺乏认识，难以理性选择底盘细胞和设计合成方案。非生物组分（主要指无机材料）活细胞合成是新兴领域，现有合成体系还只能零星实现材料合成，尚未形成具有设计指导作用的理论体系。

无机材料导入活细胞后，其亚细胞递送往往受到内吞途径的限制；生物组分与外源导入无机材料在活细胞的相互识别与组装，受到活细胞内广泛存在的生物分子的干扰，比胞外溶液中的杂合更难以控制。无机材料在活细胞合成后，其表面性质和所结合的生物分子未知，无法控制其与特定生物组分的有序组装。由于无机材料与活细胞的适配和兼容性等问题，杂合细胞体系的稳健性还需要提升，杂合细胞体系的独特优势有待挖掘。

不论是杂合细胞用于生产杂合结构，还是整个细胞作为功能单元，目前在原材料、生物合成与杂合调控手段等方面都缺乏统一的原则；杂合细胞与天然细胞如何协同工作，尚未建立可预测的途径或接口体系。

近期： 无机材料类型与底盘细胞适配；生物组分与外源导入无机材料的活细胞原位杂合；杂合细胞应用示范。

至 2030 年： 非生物组分活细胞生物合成的理论体系；生物组分与非生物组分的活细胞合成及原位杂合；杂合细胞应用的标准化。

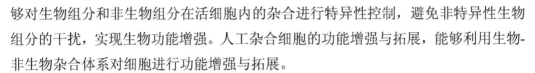

潜在解决方案

利用蛋白质组学、质谱、分子影像等分析手段，探究无机材料合成所需原料的摄取、转运、转化规律，以及对细胞的影响规律；实现 3 种以上无机材料体系的生物合成；形成 5 种以上不同类型的无机材料生物合成底盘细胞；阐明无机材料生物合成的原理与路线。

在建立量子点、磁性颗粒、金纳米颗粒等无机材料合成体系与底盘细胞适配的基础上，对生物合成的无机材料的理化性质进行调控，提取规律；建立非生物材料生物合成的理论体系，从底盘适配、物质基础、能量驱动、调控机制等多维度对非生物材料的生物合成提供可预测性定制方案。

发展 2～3 种适用于活细胞原位杂合的控制界面；建立 2～3 条基因线路，用于调控无机材料的胞内递送及其与生物分子的原位杂合，实现量子点、磁性颗粒等导入活细胞后与生物分子的高效组装。

利用结构生物学、组学、质谱等技术，深入研究活细胞内合成的无机材料的表面性质，针对不同的无机材料类型，建立其表面原位功能化的策略，发展 4～6 种活细胞原位杂合控制界面；针对杂合界面控制需求，建立 4～6 条适用于原位合成和杂合的基因线路；实现活细胞内合成的量子点、磁性颗粒等无机材料与生物分子的高效原位组装，以及杂合产物的高产率制备。

优化底盘细胞，构建能稳定、高效地生产杂合病毒样颗粒和外泌体等载体的人工细胞；发展基于生物-非生物杂合的生物影像、疾病诊疗、疫苗、人工光合作用等新技术；形成 2～3 种基于杂合细胞系统的生物、医学应用示范。

通过基因编辑、线路设计等进一步提高杂合细胞的鲁棒性，针对量子点、磁性颗粒、金纳米颗粒等特定无机材料，优化并制定明确的原材料选择、生物合成与杂合调控方法（如代谢途径选择、时空耦合策略等）指南建议；选定若干对杂合细胞与天然细胞系，通过研究和人为修改其细胞间相互作用模式，建立杂合细胞与天然细胞协同工作的标准化接口；在标准化杂合细胞体系上，探索杂合细胞与天然细胞的功能协同及新功能涌现。

3.10.5　小　　结

生物-非生物杂合体系是合成生物学与纳米生物学交叉融合的产物。杂合体系把非生物组分与生物组分有机结合起来形成杂合结构，或者把非生物组分引入活细胞中，使活细胞获得超越天然的功能单元。显然，这种杂合体系给合成生物学打开了一扇门，使一些天然生命系统原本无法实现的功能成为可能，因而成为一类新型的使能技术平台。未来至 2030 年的发展将集中在生物-非生物杂合自身不断升级完善及其与应用场景的适配。杂合体系主要解决非生物组分的可控生物合成、非生物组分与生物组分的精准可控杂合、稳健杂合底盘细胞的构建及杂合细胞与天然细胞的功能协同等问题，生物成像、药物递送、多模态诊疗、新型疫苗及人工光合作用等具有良好研究基础的方向将成为主要的应用出口。

参 考 文 献

[1] 李峰, 张先恩. 纳米合成生物学: 融合创新的新维度. 合成生物学, 2022, 3(2): 253-255.

[2] 郑涵奇, 吴晴, 李洪军, 等. 合成生物学与纳米生物学的交叉融合及其在生物医药领域的应用. 合成生物学, 2022, 3(2): 279-301.

[3] 冯晴晴, 张天鲛, 赵潇, 等. 合成纳米生物学——合成生物学与纳米生物学的交叉前沿. 合成生物学, 2022, 3(2): 260-278.

[4] Douglas T, Young M. Host-guest encapsulation of materials by assembled virus protein cages. Nature, 1998, 393(6681): 152-155.

[5] Edwardson T G W, Levasseur M D, Tetter S, et al. Protein cages: From fundamentals to advanced applications. Chem Rev, 2022, 122(9): 9145-9197.

[6] Li F, Wang Q B. Fabrication of nanoarchitectures templated by virus-based nanoparticles: Strategies and applications. Small, 2014, 10(2): 230-245.

[7] Aniagyei S E, Dufort C, Kao C C, et al. Self-assembly approaches to nanomaterial encapsulation in viral protein cages. J Mater Chem, 2008, 18(32): 3763-3774.

[8] Li F, Zhang Z P, Peng J, et al. Imaging viral behavior in mammalian cells with self-assembled capsid-quantum-dot hybrid particles. Small, 2009, 5(6): 718-726.

[9] Li Q, Li W, Yin W, et al. Single-particle tracking of human immunodeficiency virus type 1 productive entry into human primary macrophages. Acs Nano, 2017, 11(4): 3890-3903.

[10] Cui R, Liu H H, Xie H Y, et al. Living yeast cells as a controllable biosynthesizer for fluorescent quantum dots. Adv Funct Mater, 2009, 19(15): 2359-2364.

[11] Sakimoto K K, Wong A B, Yang P D. Self-photosensitization of nonphotosynthetic bacteria for solar-to-chemical production. Science, 2016, 351(6268): 74-77.

[12] 贾剑红, 杨玲玲, 刘安安, 等. "时-空耦合"活细胞合成量子点. 合成生物学, 2022, 3(2): 385-398.

生物自动化铸造工厂

学习

设计

测试

生物铸造厂

构建

编写人员 司同 金帆 王猛 张翀

3.11 生物自动化铸造工厂

3.11.1 摘　　要

由于缺乏理性设计能力，现阶段需要对合成生命体进行长期、反复的人工试验试错，才能逐渐靠近预定的工程目标。在试错过程[1~5]中引入标准化、自动化实验手段，有望高通量、低成本、多循环地完成"设计-构建-测试-学习"的工程化研发闭环[1~5]。生物铸造工厂（biofoundry）可以将烦琐的实验从纯手工转为自动化、从低通量转为高通量、从随性化转为标准化，大幅缩短实验周期，提高实验效率。生物铸造工厂的高效运行，需要在高通量合成生物工艺、自动化仪器设备与集成、信息化管理系统方面进行研发和创新。目前，全球已搭建或正在建设的生物铸造工厂已有数十个。2019 年"国际合成生物设施联盟"（Global Biofoundry Alliance）成立，旨在加强协作沟通，制定统一标准[6]。

3.11.2 技 术 简 介

自动化合成生物技术围绕"如何实现设计合成可预测的生命体"这一关键科学问题，旨在提升合成生物实验对象、方法、技术的标准化和模块化水平，实现海量工程试错的自动化闭环运行，不断发展理性设计合成生命系统的能力。自动化合成生物技术的研究，不但可以快速积累大批优质基因功能模块、建立标准化的合成生命工艺流程，还可以获得高质量的海量实验数据，从而采用数据驱动的方式开发并优化对合成生命进行系统设计和功能预测的计算模型[3~5]。

生物铸造工厂需要实现"设计-构建-测试-学习"不同环节的自动化运行。计算机辅助的生物设计自动化是将工程化理念引入合成生物研究的关键步骤。在实验阶段，需要开发与自动化仪器设备操作相匹配的合成生物工艺，包括工程 DNA 的构建与质控、底盘系统的遗传操作及合成生物体的功能测试等。其中，DNA 的构建流程主要包括基因合成、扩增、酶切、组装、提取等，其质控流程主要包括浓度分析、片段大小分析、qPCR、测序分析等。工程 DNA 底盘系统的构建流程包括细胞转化（热击、电转）、菌落涂布、菌落挑取、细胞裂解等，其功能测试流程包括转录组/蛋白质组/代谢组分析、光学分析（成像、流式、紫外/可见/红外/荧光/拉曼光谱）、

179

质谱、测序、发酵过程评价等[3~5]。

　　合成生物工艺的自动化运行，需要对应的硬件装备和软件系统。硬件方面，需要使用标准化的实验容器（如符合 SBS 标准的微孔板等），以及与这些容器配套进行高通量操作的仪器设备，如液体工作站、微孔板离心机、封膜仪、撕膜仪、自动化振动培养箱、菌落涂布挑选仪等。同时，需要这些仪器设备具有匹配的物理接口，可以与机械手、传送带等自动化转运设备对接，使样品、试剂、耗材等在不同设备间按照实验流程进行传输。软件方面，需要有集成软件系统自动化控制实验操作的仪器设备和转运装置。同时，需要有物料与信息管理系统对操作过程、实验结果及物料等进行记录与调度[3~5]。

3.11.3 路线图

当前水平

实现了单产线每周数千个克隆 DNA 片段的自动化组装，基于微孔板体系进行了大肠杆菌、酵母等模式微生物底盘的自动化操作。

目标 1：实现 DNA 大片段、多种底盘系统的自动化操作

突破能力	近期进展	至 2030 年进展
开发自动化工艺和装备，实现 DNA 大片段的高通量、标准化构建	微升体系实现克隆 DNA 片段的自动化组装，单产线最高通量达每天 10 Mb，成本比人工操作降低 1 个数量级 • 面向微孔板自动化操作，优化 DNA 组装的酶、细胞体系 • 开发计算机辅助设计软件，支持从 DNA 分子设计到机器指令生成的全流程自动化运行	纳升体系实现克隆 DNA 片段的自动化组装，单产线最高通量达每天 100 Mb，成本比人工操作降低 2 个数量级 • 综合应用微孔板、微流控、微阵列等体系，以及基于酶、细胞的 DNA 组装方法，智能化制定 DNA 大片段的组装方案 • 开发兼容大片段 DNA 操作的硬件装备
开发自动化工艺和装备，实现多种底盘系统的自动化操作化、高通量、标准化操作	实现 10 种以上微生物底盘的自动化操作，单克隆操作成本比人工操作降低 1 个数量级 • 开发全基因组水平遗传操作工具 • 建立单细胞微生物自动化遗传操作工艺流程 • 结合多设备、单设备多串联集成等形式建立自动化装备体系	实现 30 种以上微生物底盘、5 种以上动植物细胞底盘的自动化操作，单克隆操作成本比人工操作降低 2 个数量级 • 开发 5～10 位点平行基因组操作工具 • 建立多核和多细胞底盘的自动化操作工艺扩展 • 自动化装备的效率提升和功能扩展，兼容特殊物化性质与生境

目标 2：实现合成生命体系的多模态、跨尺度、自动化、定量化测试

突破能力	近期进展	至 2030 年进展
开发自动化工艺和装备，拓展自动化兼容的功能测试手段，建立自动化标定工艺，实现合成生命体系多模态、跨尺度、定量化的功能表征	面向生物分子与微生物，实现 20 种以上自动化功能测试 • 针对测序、光谱、质谱等分析手段建立高通量样品前处理方法 • 面向核酸、蛋白质、代谢物等生物分子和微生物生理等指标的功能测试需求，建立自动化测试工艺 • 开发从自动化构建到自动化测试的标准物理接口	面向复杂合成生物体系，实现自动化、跨尺度、多模态、集成标准化定量测试数据产生，建立 • 面向多细胞等复杂合成生物体系，兼容生物测试工艺，建立跨尺度、多模态的自动化功能测试，微孔板、微流液滴、发酵罐等不同尺度 • 建立自动化的标定工艺，输出定量数据 • 对实验过程的元数据进行自动化处理与收集

图 1　生物自动化铸造工厂的工艺流程及硬件装备路线图

当前水平

完成生物自动化铸造工厂概念原型的建设和运行，初步建立实验室信息管理系统原型，依赖商业集成系统，针对合成生物自动化研究开展深度定制。

目标 1：面向生物铸造厂的自动化运行，建立硬件装备、集成软件与物流系统和标准体系

突破能力	近期进展	至 2030 年进展
实现合成生物装备的自动化集成，制定设备形制、接口、数据编码标准，建立自动满足自动化运行的智能物流系统	面向 20 种以上合成生物学工艺，实现硬件装备的自动化集成，开发生物自动化铸造工厂信息化物流系统的原型 • 开发设备功能集成中间模块，统一设备接口 • 开发装配视觉系统的自主避障 AGV、协作机器人，实现物料自动化抓取和搬运，以及目标的智能识别和定位 • 建立自动存储仓库实现物料的自动化管理与补充	建立开放、先进的仪器设备形制、接口、数据编码的标准，建立智能化、信息化的物流系统 • 开发合成生物实验室标准化集成技术，发布 SCADA 协议及物理参数标准，开发符合新标准及协议的设备 • 开发智能物流系统软件 • 实现跨产线、工厂物流的端对端对接及信息共享

目标 2: 建立自驱动云端实验室，实现合成生物研究全流程信息化、数字化、智能化

突破能力	近期进展	至 2030 年进展
实现实验方案的信息化生成与执行，开展人、机、料、法、环的全面及实时记录，实现运行错误的智能化处理，打通设计与铸造-测试-学习工程闭环与铸造工厂各环节标准接口	**建立信息系统原型，面向"科学即服务"理念，实现合成生物大数据的结构化产生、共享和会聚** • 实现全自动软件规划实验方案、时序优化排程 • 实现物料信息的实时溯源与管理 • 自动化开展合成生物体目标功能分析、定制化设计、机读指令生成、实现软件与硬件深度集成交互	**建成无人值守的自驱动生物铸造厂，实现合成生物"数据-信息-知识-智慧"的规模化生成** • 分布式传感网实时获取、反馈信息 • 建立"数据流控制流交互"标准接口 • 开展生物铸造工厂全要素统计与展示，实现运行错误的智能化处理

图 2 生物自动化铸造工厂的自动化集成与信息化运行路线图

3.11.4　技术路径

（1）生物自动化铸造工厂的工艺流程及硬件装备

现有技术：DNA 大片段的自动化构建，需要开发标准化、模块化的 DNA 组装方法（包括 Golden Gate、Gibson、TAR、LCR 等），以及与之适配的自动化装备平台。现有自动化 DNA 组装主要基于微孔板体系开展，存在成本高、试剂消耗量大等问题[7]。最新的发展趋势是基于微流控、纳升移液等技术构建微缩的组装体系。同时，部分分子克隆操作步骤的自动化难度较大，如琼脂糖凝胶电泳涉及视觉判断、半固体切胶等复杂操作，需要开发定制化仪器。另外，DNA 测序是验证 DNA 组装是否成功的重要手段，结合混池编码和高通量测序技术，可以大幅降低单个 DNA 构建的测序成本[8]。

底盘系统的自动化遗传操作，目前主要应用于大肠杆菌、酿酒酵母等模式微生物，正逐步扩展到谷氨酸棒杆菌、枯草芽孢杆菌、丝状真菌、链霉菌等底盘系统[9, 10]。实现底盘系统自动化操作，需要针对细胞培养、遗传转化、单克隆化、菌落挑取、生理监测等实验环节开发自动化兼容的工艺流程和硬件装备。对于非模式底盘生物，需要面向特殊生境（如厌氧、光照、嗜热等）和特殊物化性质（如多核微生物、多细胞底盘、不规则菌落、黏稠细胞外基质等）等需求，对设备、耗材、流程进行大规模定制开发。

面向合成生命体系的功能测试，可以针对 RNA 转录、蛋白质翻译、物质代谢、信号转导等不同生命过程，利用光学、色谱、质谱等不同分析手段，在微孔板、摇瓶、发酵罐等不同尺度开展。为了与自动合成生物构建日益增长的通量相匹配，需要开发高通量、标准化的样品前处理技术[3]。例如，利用液体工作站、微流控等技术，结合条码序列标记，可以平行对上千个样品（如单细胞等）进行基因组和转录组测序分析；基于生物传感、化学偶联等原理，将合成生物体系的功能与性能转化为荧光、生长、离子强度等信号，实现基因型-表现型对应关系数据的高效、特异、动态、定量获取。另外，光学手段提供了对人工生命体进行原位、活体、动态观察的能力。例如，高内涵成像筛选与高通量合成生物改造的结合，可以为系统性理解复杂生命过程提供新的研究手段。在线光学探针在发酵过程的参数控制和优化方面发挥着越来越重要的作用。

目标与突破点：实现 DNA 大片段、多种底盘系统的自动化操作，开发自动化工艺和装备，实现 DNA 大片段的高通量、标准化构建；开发自动化工艺和装备，实现多种底盘系统的自动化、高通量、标准化操作。

实现合成生命体系多模态、跨尺度、自动化、定量化测试，开发自动化工艺和装备，拓展自动化兼容的功能测试方法，建立自动化标定工艺，实现合成生命体多模态、跨尺度、定量化的功能表征。

瓶颈：缺乏统一标准的 DNA 组装工艺，构建不同 DNA 片段的设计阶段和实验阶段仍然需要较多的人工干预，工艺、装备、试剂、耗材的自动化兼容水平低；缺乏自动化操作兆级 DNA 大片段的硬件装备和标准流程，基于微孔板的 DNA 组装体系面临成本和通量限制；缺乏微生物底盘自动化操作的设计软件、遗传工具和工艺流程；缺乏针对非模式微生物、多细胞动植物等底盘系统自动化操作的设计软件、遗传工具和工艺流程；缺乏对特殊物化性质和特殊生境兼容的自动化装备及配套试剂、耗材；缺乏高通量样品前处理方法，以及配套的硬件装备，实现自动化构建和测试过程的深度对接与集成；缺乏标准化度量体系，缺乏合成生物数据产生、共享、集成的统一标准；缺乏支持结构化、跨尺度、多模态测试的装备体系。

近期：微升体系实现克隆 DNA 片段的全流程自动化组装，单产线最高通量达每天 10 Mb，操作成本比人工操作降低 1 个数量级；实现 10 种以上微生物底盘的全流程自动化操作，单克隆操作成本比人工操作降低 1 个数量级；面向生物分子与微生物，实现 20 种以上自动化功能测试。

至 2030 年：纳升体系实现克隆 DNA 片段的全流程自动化组装，单产线最高通量达每天 100 Mb，操作成本比人工操作降低 2 个数量级；实现 30 种以上微生物底盘、5 种以上动植物底盘的自动化操作，单克隆操作成本比人工操作降低 2 个数量级；面向复杂合成生物体系，实现自动化、跨尺度、多模态测试，建立定量测试数据产生、共享、集成标准。

潜在解决方案

针对 DNA 自动化组装，完善以 384 孔、1536 孔等微孔板为实验容器的工艺流程，将所需仪器设备利用机器人平台进行高效整合，提升运作效率。针对 Golden

Gate、Gibson 等酶法组装体系，利用定向进化等方法提升工具酶性能，利用主动学习等方法优化反应体系。针对大肠杆菌、酿酒酵母等细胞组装体系，建立自动化操作流程，通过底盘工程提升组装精度和效率，开发大片段 DNA 的模块化、多轮次组装技术。制定并迭代优化统一的 DNA 组装方案设计标准，开发配套的计算机辅助设计软件，整合机器学习算法，识别易导致错误和降低效率的 DNA 序列及实验条件，智能推荐序列拆分、转换和工艺改进方案。

完善计算机辅助设计算法，综合应用酶、细胞组装体系，高通量生成 100 kb 级片段的 DNA 合成和组装方案；研究自动化接合转移、原生质体融合技术，开发配套的高通量装备平台，实现大片段 DNA 经由细菌、酵母等中间宿主递送至植物、动物细胞，以及进一步基于微细胞介导的染色体转移在目标细胞中分层组装为 ≥1 Mb 的克隆片段。基于微阵列、微流控等技术，将 DNA 组装体系微缩至纳升尺度，开发对应的工艺流程和硬件装备，大幅降低 DNA 组装成本，提高通量、准确度和效率。基于第二、三代高通量测序技术，开发测序文库自动化构建工艺，实现 100 kb 级序列的快速验证。

开发计算机设计算法，通过对基因改造顺序及基因编辑技术的优化和选择，高通量生成多轮改造的实验方案，自动化设计所需 DNA 序列（如 sgRNA、同源臂、酶切位点、引物等）。通过研究改造微生物 DNA 修复机制、短时改变非模式微生物膜结构、开发更有效外源 DNA 跨膜递送等技术，扩大 CRISPR 等技术的适用范围，使基因组改造效率提升 1～2 个数量级，实现 3 个位点的高效同时编辑；基于微孔板和液滴微流控体系，通过多设备串联、单设备集成等方式，开发与自动化实验兼容的硬件装备，新增微生物高通量电转化等设备，实现微生物底盘的培养、转化、单克隆化、基因型验证的全流程自动化，建立标准化操作流程和报告规范。

开发新一代核酸内切酶（新 CRISPR 系统、Argonaute 等）、人工 DNA 修复机器等新一代基因编辑技术，实现多种底盘微生物 5～10 位点平行基因组操作，应用机器学习算法智能生成多轮次、自动化底盘改造所需的 DNA 序列；面向光照、厌氧、高温、高压等特殊细胞底盘生长所需的环境需求，定制化开发高通量光照反应器、与厌氧/高盐/高温/高压适配的仪器装备和整合机器人平台；针对形态不规则、物化性质特殊的细胞底盘系统，如多核菌丝体、芽孢、原生质体、植物胚胎、贴壁细胞、类器官等，定制化开发克隆挑选仪、机械臂抓手等配套装备、工艺流程及试剂耗材等。

面向光谱、质谱、成像、测序等不同测试手段,基于微孔板、微阵列、微液滴等开发样品平行前处理方法,支持对核酸、蛋白质、代谢物等生物分子及其相互作用开展高通量、自动化的生物物理与生物化学表征,对微生物体系自动化开展基因组、转录组、蛋白质组、代谢组、代谢流等水平的多组学分析和生理表征。基于生物传感、化学偶联等原理,将目标功能与性能转化为荧光强度、生长速率等信号,实现基因型-表现型对应关系数据的高效、特异、动态、定量获取;制定"构建"与"测试"对接的标准化物理接口,开发自动化兼容的工艺流程、配套装备、试剂耗材等。

基于微流控、超声移液、光镊、在线传感等新方法和新技术,开发新装备,支持从微液滴、微阵列到微孔板、发酵罐的跨尺度自动化集成;建立对于各类自动化实验工艺对应标定所需的标定工艺,将相对测量值转化为绝对测量值;基于自动化平台系统性探索过程参数(实验条件和测试手段等)如何引入实验误差和数据噪声,在此基础上,制定标准操作流程、报告规范和质控方法,建立不同实验产生、共享、集成合成生物大数据的方法;建立与合成生物数据库、知识库的标准接口,进行实验数据和过程元数据的自动化收集与结构化处理。

(2)生物自动化铸造工厂的自动化集成与信息化运行

现有技术:生物自动化铸造工厂的智能物流系统仍需要进一步探索、测试和优化。生物铸造工厂硬件设施可分为车间、产线、功能区域、设备等不同层级。其中,产线内的功能区域之间、功能区域内的设备之间的材料转移,可以通过协作机器人实现,以快速、可重复和位置精确的方式处理样品容器。然而,车间、产线层级的物流需求仍未有很好的解决方案。类似的解决方案已经存在于制造领域,如企业资源规划(ERP)和制造执行系统(MES)已用于控制物料流转。智能物流系统通过建立自动化合成生物实验室物料管理与传递系统,实现高通量设备、样品、资源与信息管理,以及耗材及样品的自动化传递解决方案[3,4]。

实验室信息管理提供各种平台化的实用功能、组态工具和工作流引擎,使实验室可以控制其特有的工作流和工作模式,根据需要不断扩展自己的功能范围。生物自动化铸造工厂中,研究人员将被解放出来,轻松地用计算机终端设定参数,由机器人完成一系列基本操作步骤,最后接收实验数据。物料与信息管理系统的目标是实现合成生物研究的全流程信息化,包括目标需求设计、专家系统决策、实时信息获取和状态检测、记录分析实验结果等。为了进一步支撑合成生物研究过程的信息化、智能化开展,生物自动化铸造工厂通过标准化接口与计算机辅助设计、智能学习等模块集成,即建造合成生物研究的"云端实验室",将自动化、信息化和生物技术相融合,利用互联网共享,将高通量、标准化的合成生物研发能力服务于全国乃至全球的合成生物学需求[3,4]。

目标与突破点:面向生物铸造厂的自动化运行,建立硬件装备、集成软件与物流系统,实现合成生物装备的自动化集成,制定设备形制、接口、数据编码标准,建立满足自动化运行的智能物流系统。

建立自驱动云端实验室,实现合成生物研究的全流程信息化、数字化、智能化,实现实验方案的信息化生成与执行,开展人、机、料、法、环的全面及实时记录,实现运行错误的智能化处理,打通"设计-构建-测试-学习"工程闭环与铸造厂各环节标准接口。

瓶颈:目前与自动化整合兼容的仪器设备有限,各个厂商设备形制、接口不统一,功能不完备,尤其缺乏统一的数据编码格式;部分厂商软件封闭,难以集成;铸造厂运行种物料转运需要大量人工干预,流转过程信息化程度低,依靠人工录入和管理。

自动化装备的通信协议和物理参数缺乏统一标准,生物铸造厂物流流转缺乏跨尺度集成设备、产线、工厂的操作系统;缺乏"人机交互"、"软硬交互"的标准接口,无法对实验方案进行自动化生成与执行,无法对人、机、料、法、环等实验要素进行全面的实时记录;缺乏可以与专家、硬件、软件全面集成的信息化系统;缺乏打通全流程各环节的标准接口。

近期:面向30种以上合成生物学工艺,实现硬件装备的自动化集成,开发生物自动化铸造工厂信息化物流系统的原型;建立信息系统原型,面向"科学即服务"理念,实现合成生物大数据的结构化产生、共享和会聚。

至 2030 年:建立开放、先进的仪器设备形制、接口、数据编码的标准,建立智能化、信息化的物流系统;建成无人值守的自驱动生物铸造厂,实现合成生物"数据-信息-知识-智慧"的规模化生成。

潜在解决方案

为每一种关键设备设计开发设备功能集成中间件模块,通过二次开发将设备接口统一，并补足必备功能；积极孵化开拓高端仪器设备的供应商，对接实际需求进行定制开发；开发自主避障 AGV 移动机器人实现移动功能，结合协作机器人实现物料的抓取和搬运，装配视觉系统实现目标的识别和定位；建立自动仓储模块，实现样品的自动化存储库设计与信息管理，以及与移动搬运机器人的信息交互；提供工艺流程每个步骤安全识别样本的方法，提供实时查询每个样本位置的方法。

借助生物铸造工厂设施建设契机，发布先进的、开源的实验设备 SCADA 协议及物理参数标准；通过学术活动形成科研生态，推广标准化实验设备的理念和需求认同；发展扶持优秀仪器设备供应商，合作开发满足新标准、新协议的实验室自动化专用设备；面向合成生物研究需求，设计智能物流系统软件，包括仓库管理系统、仓库控制系统、自动导向搬运车系统与上位机系统的对接软件系统等。

开发计算机算法，实现软件辅助或全自动规划实验方案，包含所需原料及设备操作参数、测试状态等，编码组成实验方案与可执行指令集，指引研究装备自动化运作；应用可视化展现、数字孪生、设计仿真等先进数字化技术，对生物自动化铸造厂的实验过程、测试结果、设备状态等进行在线采集和展示，将物理层设备的各种属性映射到虚拟空间中，激发模拟仿真、批量复制、虚拟合成等设计活动，大幅度减少迭代过程中的实验次数、时间及成本；面向生物铸造厂的实际运营流程，自动化开展合成生物体系目标功能分析，定制化设计并转化为实验室工艺过程，生成实验计划和可机读指令，通过计划管理、仓储管理、实验管理、质量管理等软件模块与物理实验室进行交互，完成高通量构建和测试实验。

基于分布式多传感器网的实时信息获取，对自动化硬件平台的实时状态进行监测及异常处理，保障硬件平台协同高效运行，实现实验数据和过程元数据的系统性、结构性记录；基于实时采集的实验数据与过程元数据，通过深度学习实现操作指令滚动规划再更新，形成"设计-合成-测试-学习"的闭环；开发专家决策系统，由研究人员为高度自动化的操作测试流程控制提供上层决策，完成设计方案的在线优化，提高铸造成功率；建立"数据流和控制流交互"的标准接口，实现云端实验室对业务流程的全自动控制和管理，支持产品生命周期管理、物理层现场数据采集、大数据机器学习反馈等。

3.11.5 小 结

针对传统生物实验操作烦琐、耗时、易错、难以规模化等问题，生物自动化铸造工厂的设计和建设旨在通过提升合成生物实验对象、方法、技术的标准化和模块化水平，实现"设计-构建-测试-学习"闭环的自动化运行，但当前仍然存在大片段DNA制造成本高、底盘细胞单一、高通量功能测试手段少等局限，许多研发需求仍未能满足。未来需要突破的关键技术包括DNA和底盘自动化操作的合成生物工艺、自动化兼容的仪器设备、物料智能转运机器人和控制软件、"云端实验室"信息化运行架构等，从而实现设备互联互通、智能调度、动态监控、信息整合等，结合人工智能方法实现算法和模型的动态优化，提高合成生物研究效率，扩展生物铸造厂研究对象的范围和规模。以上关键技术的突破需要合成生物学、自动化、分析化学、信息技术等多领域的研究人员和工程师共同协作，进行生物自动化铸造工厂自身的多轮工程化迭代优化，为合成生物基础与应用研究提供支撑，并带来革命性影响。

参 考 文 献

[1] 赵国屏. 合成生物学: 开启生命科学"会聚"研究新时代. 中国科学院院刊, 2018, 33(11): 1135-1149.

[2] 晁然, 原永波, 赵惠民. 构建合成生物学制造厂.中国科学: 生命科学, 2015, 45(10): 976-984.

[3] 唐婷, 付立豪, 郭二鹏, 等. 自动化合成生物技术与工程化设施平台.科学通报, 2021, 66(3): 300-309.

[4] 张亭, 冷梦甜, 金帆, 等. 合成生物研究重大科技基础设施概述. 合成生物学, 2022, 3(1): 184-194.

[5] 崔金明, 张炳照, 马迎飞, 等. 合成生物学研究的工程化平台. 中国科学院院刊, 2018, 33(11): 1249-1257.

[6] Hillson N, Caddick M, Cai Y, et al. Building a global alliance of biofoundries . Nature Communications, 2019, 10(1): 2040.

[7] Chao R, Liang J, Tasan I, et al. Fully automated one-step synthesis of single-transcript TALEN pairs using a biological foundry. ACS Synthetic Biology, 2017, 6(4): 678-685.

[8] Shapland E B, Holmes V, Reeves C D, et al. Low-cost, high-throughput sequencing of DNA assemblies using a highly multiplexed nextera process. ACS Synthetic Biology, 2015, 4(7): 860-866.

[9] Si T, Chao R, Min Y, et al. Automated multiplex genome-scale engineering in yeast. Nature Communications, 2017, 8: 15187.

[10] Hamedirad M, Chao R, Weisberg S, et al. Towards a fully automated algorithm driven platform for biosystems design. Nature Communications, 2019, 10: 5150.

元器件资源与信息平台

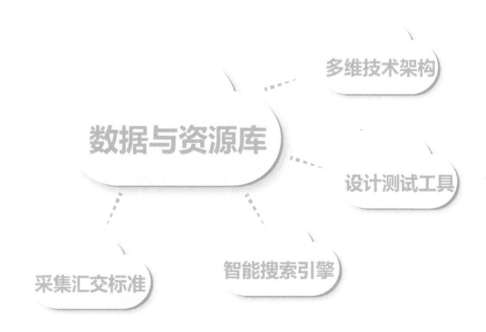

多维技术架构

数据与资源库

设计测试工具

采集汇交标准

智能搜索引擎

编写人员　周志华　严　兴　刘　婉　宋　浩

3.12 元器件资源与信息平台

3.12.1 摘 要

生物元件是指一段具有特定功能的 DNA、RNA 或氨基酸序列；生物器件是指由多个（2 个及 2 个以上）生物元件构建形成的功能模块。生物元器件是合成生物学的基石。合成生物学的工程化本质决定了生物元器件数据与实体库建设的必要性及重要性。目前，生物元器件种类匮乏、大部分生物元器件的表征描述不准确、人工系统中元器件之间或元器件与人工系统间不适配，这些都是发展合成生物学必须扫除的障碍。元器件库与信息平台的建设，包括构建标准化、大容量和智能化的生物元器件数据库及应用平台，以及高质量的生物元器件和底盘实体库，将为合成生物学的设计、研究和应用提供重要支撑。元器件库与信息平台将在数据有源、多层审核、资源共享、信息公开、信息安全和授权访问原则的基础上，加速生物元器件数据、实物和设计工具的会聚，并进一步服务合成生物学研究。

3.12.2 技 术 简 介

生物元器件数据与实体库，涉及制定生物元器件入库的数据标准，收集与保存已报道和构建的生物元器件实体，实现元器件的自动化存取；集成科学家在代谢物分子数据库、反应数据库、酶数据库、组学数据与代谢网络等方面的前期积累，整理生物元器件的序列结构、表征及相关文献的信息，建立生物元器件数据库的高效管理系统，实现生物元器件数据的结构化重构与可视化储存；整合生物元器件预测、设计、组装与表征的新技术，以及元器件结构与多维度表征信息的相关性，形成相应的工具包，构建生物元器件的在线共享应用平台。

（1）生物元器件的多维度信息化基础支撑系统的开发

建立元器件大数据相关的元器件信息化基础支撑系统，包括元器件的多维度信息输入、输出、交互查询、搜索引擎平台；开发生物催化元器件与基因数据库、表型数据库及相关化合物数据库相关联的技术体系；开发调控元器件与代谢网络、调控网络、互作网络和信号转导网络等分子网络的数据集成，以及映射元器件的多维

度信息技术体系。因此，元器件信息化基础支撑系统包括以下两个方面。

1）元器件信息平台基础设施的建设：采用 B/S 结构和服务器集中式部署，用户可通过浏览器访问数据库。该系统还采用 Linux 系统与 Docker 框架相结合，利用 Java、Python、R 等开发语言，采用关系型数据库 MySQL 和文档数据库 MongoDB 相结合的方式，实现大数据存储和快速提取。

2）数据检索系统的数据集成工具、搜索引擎、检索服务接口的开发：基于 Solr 的搜索引擎平台，通过利用 Solr 进行全站检索、对字段进行权重排序、查询 MySQL 数据库等技术手段，实现元器件、底盘、途径和化合物信息的交互查询，进而实现元器件和底盘的多维度信息输入输出。整合已知分子（底物、产物、中间产物等）、反应、酶、基因组和底盘细胞等数据库，将元器件与相应数据库相关联。

（2）生物元器件实体库自动化存取的关键技术

生物元器件实体库作为合成生物学的重要基础设施，必须适应合成生物学研究中元器件拼接和组装的规模化、自动化需求。元器件实体库的建设应着力发展能在短时间内完成百上千个元器件自动化存取的关键技术。这些关键技术应该包括元器件存储单元的创新设计，以及相应的实物元器件自动化抓取的软硬件设计。元器件数据库除了包括实物元器件的存储数据之外，还应与合成生物学元器件和底盘的功能数据建立紧密关联并持续更新，为合成生物学研究和应用提供重要的实物支撑。

（3）多维度知识集成的元器件应用平台界面的开发

随着生物元器件的功能与结构相关性的深入研究以及高性能计算技术的发展，利用分子动力学和大数据分析方法可以快速定位元器件特定功能区及协同进化位点，生物元器件的计算设计、组装和改造技术将迎来新的发展阶段。采用分子片段指纹软件包、蛋白质序列描述软件包相应的模型构建方法，结合机器学习，从元器件海量数据中探索出针对不同技术需求较优解决方案的数学模型，从而建立元器件的模式识别数学模型、元器件与分子结构特征的分类模型、定量化元器件性能预测模型，创建新型元器件特征识别和理性设计技术；采用人机互动技术，实现用户在线测试和反馈元器件的预测、设计、构建与表征新技术，在此基础上开发相应的应用界面，形成元器件的预测、设计、构建与表征软件和工具包，提升生物元器件资源的信息化共享和应用水平。

3.12.3 路 线 图

当前水平

建立了元器件的数据标准，但是数据汇交速度慢，仅有较为简单的元器件查询系统。

目标 1：持续提升生物元器件标准化元器件数据的能力

突破能力	近期进展	至 2030 年进展
搭建高效的标准化元器件数据采集和质控体系	**建立高效率的标准化元器件数据采集汇交体系** • 建立高效自动化的文献审编体系 • 大力推广和升级自动化生物元器件提交系统	**构建完善的元器件数据质控体系** • 借助生物元器件本体库的建立，搭建完善的元器件数据的质控体系，提高生物元器件库的数据质量

目标 2：构建智能化的元器件交互查询和搜索引擎

突破能力	近期进展	至 2030 年进展
建立符合不同用户需求的生物元器件数据交互检索和智能搜索系统	**开发符合不同用户需求的生物元器件数据交互检索和智能搜索系统** • 针对基于文本检索的用户需求，开发相应的检索系统 • 针对基于功能结构能检索的用户需求，开发相应的检索和智能搜索系统 • 针对基于元器件与底物相互作用的用户需求，开发基于虚拟筛选的智能搜索工具	**提高生物元器件数据查询和检索效率** • 改进算法，优化基因元器件智能搜索系统，开发面向超大规模数据库的任务划分策略和调度流水线，深入优化局部比对模块和序列模式的快速智能检索 • 针对局部比对的快速检索引擎，实现元器件序列数据库的快速智能检索

195

目标 3: 集成及映射基于知识图谱的元器件多维度信息技术体系

突破能力	近期进展	至 2030 年进展
集成及映射基于知识图谱的元器件多维度信息技术体系，实现生物元器件数据的挖掘和应用	**建立生物元器件数据的本体库** • 通过 SBOL、SMBL、元器件数据标准和其他相关资料等总结生物元器件的特点 • 构建元器件本体库，实现元器件信息描述标准化 能表征信息描述的标准化	**建立生物元器件知识图谱** • 建立与催化元器件相关的序列、反应、底物、产物、途径、定性、定量等七大类实体 • 建立反应-途径、反应-产物、底物-反应、序列-反应、序列-定性、序列-定量等六大类关系 • 建立生物元器件序列与功能定性和定量等各种属性数据的知识网络

目标 4: 多维度知识集成的生物元器件设计应用平台的建设

突破能力	近期进展	至 2030 年进展
大数据驱动下元器件预测和设计技术的建立、持续迭代更新与应用	**元器件预测和设计新工具的在线部署与应用服务** • 完成元器件预测和设计新工具的在线部署 • 建立分析工具与生物元器件数据库的联系，实现在线应用服务	**生物元器件库大数据驱动下元器件预测和设计技术的持续迭代更新与应用** • 基于生物元器件的数据和实物资源构建训练数据集 • 构建工程化平台，结合人工智能获得海量标准化的数据，扩充试错空间 • 优化定量表征手段，让工程化平台有效指导合成生物系统的设计、构建、测试与学习

图 1 建设标准化、大容量和智能化生物元器件数据库及应用平台路线图

当前水平

元器件和底盘数量较少且普遍缺乏标准化的功能数据。

目标 1: 建立标准化、自动化、高通量的元器件和底盘功能测试方法

突破能力	近期进展	至 2030 年进展
建立标准化、自动化、高通量的元器件和底盘功能测试方法	**建立标准化的元器件和底盘功能测试方法** • 建立重要类型调控元件（启动子、RBS 和终止子等）和催化元件（P450 和辅基转移酶等）的标准化功能测试方法 • 建立大肠杆菌、酵母、链霉菌和丝状真菌等底盘的标准化功能测试方法	**实现生物元件和底盘功能测试的自动化及高通量化** • 借助自动化和高通量设备，将当前期构建的标准测试方法升级为自动化高通量化的版本

目标 2: 建立并推广生物元器件和底盘实物收集与共享机制

突破能力	近期进展	至 2030 年进展
建立高效的元器件共享机制并进行推广应用	**建立高效的元器件共享机制并进行推广应用** • 建立分层分级的元器件及数据管理体系，保证元器件及底盘实物和数据的安全共享 • 将不同层次的元器件实物及数据设置不同的安全等级，进行不同范围的公开	**进一步创新和优化共享机制** • 创新元器件和底盘的共享机制，例如，综合利用区块链技术的优势，通过元器件和底盘数据的去中心化管理，实现元器件数据的安全共享，同时促进元器件和底盘实物在不同研究单位之间的流通与交换，并在流通中不断提升元器件和底盘的价值

目标 3: 高质量的合成生物元器件和底盘实体库构建

突破能力	近期进展	至 2030 年进展
完成高质量的合成生物学元器件和底盘实体库的构建	**初步建立高质量的元器件和底盘实体库** • 与优势专家研究单位开展合作，重点收集合成生物学研究中重点关注的调控元件和催化元件，并进行标准化功能测试 • 通过开展标准化的元器件和底盘测试服务，进一步积累元器件和底盘实物的数量及类别	**完成高质量的合成生物学元器件和底盘实体库的构建** • 通过推进元器件和底盘的合作共享机制，建立不断积累优质元器件和底盘实物的长效机制；建立上述六大类实体库之间的相互关系

图 2 建设高质量的生物元器件和底盘实体库路线图

3.12.4 技术路径

（1）建设标准化、大容量和智能化生物元器件数据库及应用平台

现有技术：已建立催化元器件数据标准，并开发了相应的元器件数据提交系统，具备采集汇交标准化元器件数据的能力。可以通过多数据库整合、文献审编和元器件数据提交等方式进行标准化元器件数据的采集汇交，但是目前数据审编和汇交的效率还比较低，元器件数据增加的速度仍然落后于元器件数据发表的速度[1]；建立了较为简单的、基于序列的元器件查询系统，开发了 P450 和糖基转移酶等重要元器件的注释流程，但是尚不能满足不同类别用户的需求。

虽然对元器件数据（包括序列、反应、定性和定量的功能数据等信息）已经进行了初步的收集，但是各种元器件信息之间的关联关系并没有建立，从而无法从现有数据中发现新的知识。随着 AlphaFold 2 和 Rosetta 等元器件预测和设计工具的大量出现，显著提高了生物元器件的设计开发能力。但是这些新工具往往存在安装困难和硬件资源需求高等问题，使得它们的普及应用受到很大限制。将这些设计工具与生物元器件数据库进行整合，形成多维度知识集成的生物元器件设计应用平台，将对合成生物学研究提供重要支持作用。

目标与突破点：建立高效率的标准化元器件数据采集汇交体系；构建智能化的元器件交互查询和搜索引擎；集成及映射基于知识图谱的元器件多维度信息技术体系；建设多维度知识集成的生物元器件设计应用平台。

瓶颈：当前大部分科研人员习惯于将元器件的序列数据直接提交到 NCBI 等数据库，但是这些数据库不接受元器件相关的功能数据（如催化反应及动力学数据），只能通过文献审编的方式获得功能数据。由于目前人工审编文献的速度缓慢，从而严重延缓了元器件数据采集汇交的速度。随着合成生物学的快速发展，元器件数据大量产生并进入生物元器件数据库。由于缺乏有效的数据质控手段，无法对包括序列、物种、表征信息等在内的元器件数据进行有效质控，这是提高元器件数据质量亟须突破的难题。此外，功能单一的元器件智能搜索工具很难满足不同用户的需求。随着生物元器件数据的大量产生、用户数量的大量增加及多种检索策略的开发，当

前的算法已不能满足实现元器件快速检索的需求。

虽然合成生物学开放语言（SBOL）和系统生物学标记语言（SMBL）等与元器件信息的标准化描述有关，但它们更侧重于对元器件的序列和途径描述，以及不同元器件数据标准之间的格式转换，而对于元器件的定性和定量等表征信息尚缺乏标准化的描述方法，阻碍了元器件数据的质量控制以及数据挖掘和应用[4, 5]。通过元器件数据标准化及本体库的建立，虽然能够了解生物元器件各个属性，但仍对各个属性之间的关联关系缺乏认识，限制了对生物元器件大数据内在规律的认知和探索。

现有元器件相关的预测、设计、构建和表征工具等所使用的代码无法实现在网站上部署和交互使用，从而极大地限制了它们的推广使用和进一步优化。不仅如此，人工智能需要大量的训练数据集，而当前合成生物学研究存在数据来源广、数据形式异构、高质量训练数据不足等问题，这导致小数据稀疏监督下人工智能模型难以得到有效训练，从而阻碍了人工智能技术在元器件研究中的有效应用。

近期：建立高效率的标准化元器件数据采集汇交体系；开发符合不同用户需求的生物元器件数据交互检索和智能搜索系统；建立生物元器件数据的本体库；进行元器件预测和设计新工具的在线部署与应用服务。

至 2030 年：构建完善的元器件数据质控体系；提高生物元器件数据查询速度和检索效率；建立生物元器件知识图谱；实现生物元器件大数据驱动下元器件的预测和设计新技术持续迭代更新与应用。

潜在解决方案

持续提升生物元器件库采集汇交标准化元器件数据的能力，建立高效自动化的文献审编体系，结合深度学习和自然语言处理技术，建立审编平台，实现从文献中高效获取元器件数据，特别是功能相关的数据；大力推广和升级自动化生物元器件提交系统，使得元器件数据能够在论文发表的同时直接进入生物元器件数据库。

借助生物元器件本体库的建立，搭建完善的元器件数据的质控体系，提高生物元器件库的数据质量。基于文本检索的用户需求，通过基于 Lucene 的 Solr 全文搜索引擎，并结合布尔检索模型实现元器件数据的交互查询；基于功能结构域检索的用户需求，建立基于功能结构域注释和检索的搜索引擎；基于元器件与底物相互作用检索的用户需求，开发基于蛋白质结构预测与底物相互作用的虚拟筛选智能搜索工具。

改进算法，优化基因元器件智能搜索系统，例如，设计多序列比对执行同源搜索的并行计算模型和对应的数据结构，开发面向超大规模数据的任务划分策略和调度流水线，深入优化局部比对模块和序列模式筛选引擎，实现元器件序列数据的智能检索[2, 3]。

通过 SBOL、SMBL、元器件数据标准和其他相关资料等总结生物元器件的特点，构建元器件本体库，实现元器件信息描述的标准化，特别是功能表征信息描述的标准化。

构建元器件的知识图谱：通过建立与催化元器件相关的序列、反应、底物、产物、途径、定性、定量等七大类实体，反应-途径、反应-产物、底物-反应、序列-反应、序列-定性、序列-定量等六大类关系，建立起生物元器件序列与功能定性和定量等各种属性数据的知识网络[6]。

改写现有的工具代码，使这些工具能够在元器件库网站上实现交互使用和结果可视化；建立元器件数据库与分析工具的联系，开放接口，使用户可以选择自己感兴趣的元器件数据进行流程分析，一键解决元器件结构模拟与功能分析等难题。

基于生物元器件数据库与实物资源构建训练数据集；构建工程化平台，结合人工智能获得海量标准化的数据、扩充试错空间、优化定量表征手段，让工程化平台有效指导合成生物系统的设计、构建、测试与学习。

（2）建设高质量的生物元器件和底盘实体库

现有技术：虽然不同研究机构开发了大量的元器件和底盘功能测试方法，但是由于缺少统一的标准，很难对不同来源的、类似功能的元器件性能进行定量比较，也很难对元器件与底盘细胞之间的适配性进行准确判断，需要反复地试错才能够构建出符合预期的模块、途径和细胞工厂，给生物元器件和底盘的选择及应用带来很大的困难。因此，高质量生物元器件和底盘实体库的构建需要建立在标准化功能测试方法的基础上。

在元器件和底盘共享方面，目前仍存在共享数量小且共享范围窄等问题，从而影响了生物元器件和底盘的开发利用效率。生物积块基金会（BioBricks Foundation）等元器件库已在积极尝试采用去中心化管理方式来加速元器件底盘数据和实物的共享与分发[7]。

高质量的生物元器件和底盘是合成生物学最终实现从头设计生物体系的前提，对合成生物学研究和应用有着基础性的作用。但是由于集中管理元件和底盘实物需要大量的人力、物力，并且这些实物元件和底盘的共享过程过于烦琐，所以，生物元件库正在尝试按"去中心化"的原则去建设元件和底盘实物库，通过"信息保存"等方式来对一部分元件和底盘实物进行"去中心化"管理，即允许生物元器件和底盘实物保藏在不同研究机构，但是把生物元器件和底盘的实物信息按统一的格式保存在中心元件库，从而有利于实物元件和底盘的收集与共享。

目标与突破点：建立标准化、自动化和高通量的元器件及底盘功能测试方法；建立并推广生物元器件和底盘实物收集与共享机制；结合"去中心化"管理建设高质量的合成生物学元器件和底盘实体库。

瓶颈：需要根据不同类型的生物元器件和底盘建立适合的标准测试方法，以满足合成生物学研究和应用的需求。随着生物元器件和底盘实物的增加，功能测试的工作量越来越大，传统的仪器设备已经不能满足测定需求。创新的元器件和底盘具有极高的应用价值，造成元器件和底盘不易共享的现状。目前主要的元器件、底盘实物依然集中存储在各自的项目或单位，只有部分元器件和底盘分散存储在合作研究单位。

近期：建立标准化的元器件和底盘测试方法；建立高效的元器件共享机制并进行推广应用；收集在合成生物学研究和应用领域具有重要用途的生物元器件和底盘细胞，并对它们进行标准化功能测试，初步建立高质量的生物元器件和底盘实物。

至 2030 年：实现生物元器件和底盘功能测试的自动化和高通量化；进一步创新和优化共享机制；建立不断积累优质元器件和底盘实物的长效机制，建设领域内具有重要影响力的合成生物学元器件底盘实体库。

潜在解决方案

建立重要类型调控元件（启动子、RBS 和终止子等）、催化元件（P450 和糖基转移酶等）和底盘（大肠杆菌、酵母、链霉菌和丝状真菌）的标准化功能测试方法；借助自动化和高通量设备，将前期构建的标准测试方法升级为自动化和高通量化的版本。

通过分层分级元器件及底盘实物和数据管理体系，保证元器件及底盘实物和数据的安全与共享。将不同层次的元器件及底盘实物和数据设置不同的安全等级，进行不同范围的公开，最大限度地利用 FAIR（可找到、可访问、可操作和可重复使用）原则将元器件和底盘数据进行共享。

创新元器件和底盘的共享机制，例如，综合利用区块链技术的优势，通过元器件和底盘的数据及元数据的"去中心化"管理，实现元器件数据的安全共享，同时促进元器件和底盘实物在不同研究单位之间的流通与交换，并在流通中不断提升元器件和底盘的价值。

通过与优势研究单位合作，重点收集合成生物学研究中重点关注的调控元件、催化元件、底盘并进行标准化功能测试；结合"去中心化"原则，实现对元器件和底盘实物的灵活管理，尽可能降低中心元器件库运行成本，提高元器件和底盘的共享效率；通过推进元器件和底盘的合作共享机制，建立不断积累优质元器件和底盘实物的长效机制。

3.12.5 小　　结

未来将围绕标准化、大容量和智能化生物元器件数据库及应用平台，以及高质量的生物元器件和底盘实体库两个方面来构建元器件库与信息平台，着力于元器件和底盘数据的标准化，促进元器件和底盘的收集、整理与共享，提供更为智能的交互检索和设计工具，基于生物元器件和底盘大数据开展生物元器件与底盘内在属性的规律性研究，为生物元器件的人工智能研究提供所需要训练数据集，逐步在数据有源、多层审核、资源共享、信息公开、信息安全和授权访问的基础上，加速生物元器件数据、实物和设计工具的会聚，服务于合成生物学研究和应用。

参 考 文 献

[1] 刘婉, 严兴, 沈潇, 等. 生物元件库国内外研究进展. 微生物学报, 2021, 61(12): 3774-3782.

[2] Hucka M, Berg mann F T, Chaouiya C, et al. The systems biology markup language(SBML): Language Specification for Level 3 Version 2 Core Release 2. Journal of Integrative Bioinformatics, 2019, 16(2): 20190021.

[3] Lu H, Diaz D J, Czarnecki N J, et al. Machine learning-aided engineering of hydrolases for PET depolymerization. Nature, 2022, 604(7907): 662-667.

[4] Mao Z, Wang R, Li H, et al. ERMer: a serverless platform for navigating , analyzing , and visualizing

Escherichia coli regulatory landscape through graph database. Nucleic Acids Research, 2022, 50(W1): W298-W304.

[5] McLaughlin J A, Beal J, Misirli G, et al. The synthetic biology open language(SBOL)version 3: Simplified data exchange for bioengineering. Frontiers in Bioengineering and Biotechnology, 2020, 8: 1009.

[6] Konermann S, Lotfy P, Brideau1 N J, et al. Transcriptome engineering with RNA-targeting Type VI-D CRISPR effectors. Cell, 2018, 173(3): 665-676.

[7] Kahl L, Molloy J, Patron N, et al. Opening options for material transfer. Nature Biotechnology, 2018, 36(10): 923-927.

应用展望 4

    基于合成生物学"造物致知"和"造物致用"的核心理念，其应用可以归纳为两个方面，一是以生物大分子等为元件"自下而上"地合成人工细胞，从而理解生命起源和生物演化过程中随着生物结构层级的上升生物功能涌现的底层原理和逻辑；二是推动生物技术迭代提升和生物制造产业变革，助力合成生物赋能新质生产力，塑造未来生物经济，从而贡献于人类健康和可持续发展。

造物致知

编写人员　刘陈立　缪　炜　傅雄飞　刘兴国　钟　超　胡　政　金　帆　严　飞
　　　　　　娄春波　于　涛　甘海云　司　同　李雪飞　付梅芳　祁　飞

4.1 单细胞从头合成

4.1.1 摘　要

　　细胞是生命活动的基本单元，通过合成再造的方法，从非生命物质人工合成单细胞生命是生命科学的重大基础科学问题。细胞具有高度动态、非线性调控等特性，而单细胞从头合成是一项挑战性极大的科学和工程问题，是多种合成生物使能技术的集中应用。如何可预测设计具有部分或全部细胞功能的人工生命体系，是合成生物学面临的核心问题；如何高效合成核酸、蛋白质和膜脂等生物大分子，并最终实现合成细胞的工程化制造，是合成生物学面临的关键技术问题。可预测定量设计和人工智能的运用能够为单细胞从头合成提供理论指导，标准化高通量生物自动化铸造工厂可加速单细胞从头合成的迭代过程，二者的融合将助力实现这一科学与工程目标。专家认为目前技术上已经接近临界点（tipping point），预计近期可实现人工合成单细胞的单次复制，至 2030 年可实现其多次自主复制。

4.1.2 技　术　简　介

（1）人工合成单细胞的内涵

　　单细胞从头合成旨在合成初具生命特征的结构，一般以人工囊泡为细胞膜，以DNA 为遗传物质，可自主进行细胞生长、复制与分裂，在其生命功能周期内进行有限次运行。人工合成单细胞的核心蛋白一般由细胞自主合成，关键化学分子（如RNA、氨基酸等）可由外源提供，无复杂细胞器。

（2）单细胞从头合成所需使能技术

　　为实现人工合成单细胞的自我复制，需对各功能模块（主要包括细胞生长、DNA复制、DNA 分离、细胞分裂）分别进行重建并整合。目前，研究者针对单一功能模块提出了诸多解决方案，而实现功能模块之间的协同是单细胞从头合成面临的最大挑战。为应对这一挑战，应以功能协同为目标，对单一功能模块进行统一设计与整合。此过程需对各使能技术进行整合：功能化复杂体系及数据与算法平台开发为单细胞从头合成提供了理论指导；DNA 测序/合成/组装合成人工单细胞所必需的基因序列；新一代基因编辑技术有望加速天然细胞协同机理的解析，指导单细胞从头合成；蛋白质工程可为单细胞从头合成提供可控的、多功能的构筑基元；基因线路工程可保障合成细胞基因表达的时空有序性，是实现人工单细胞功能协同的重要前提；无细胞体系可为人工单细胞中蛋白质的高效表达提供有力的工具；无膜细胞器构建可为复杂细胞进程提供必要的区隔化和程序化场所。除此之外，构筑人工单细胞还需攻克以下技术瓶颈：细胞膜人工合成技术（人工构建形貌可控、组分可调的细胞膜模型，该细胞膜模型将可控包裹各类生物大分子）；高效物质能量合成技术等。这些技术在本书其他章节已有单独介绍，本部分内容将着重讨论实现人工单细胞的主要任务，以及对各使能技术的预期/要求。

4.1.3 路 线 图

当前水平

在细胞膜合成技术方面，开发了多种细胞膜模型，设计重建磷脂膜模型；设计重建磷脂合成通路；通过诱发磷脂囊泡融合等方式实现囊泡的生长；在生物量的增长方面，在磷脂囊泡中实现以 DNA 为模板的基因的转录和翻译[1]。

目标 1：可控合成细胞的自主生长

突破能力	近期进展	至 2030 年进展
合成细胞膜与生物量的增长	**可控合成细胞生长** • 建立可控高效制备磷脂囊泡的技术体系 • 开发通道蛋白，实现物质运输可控 • 基于 DNA 原位合成磷脂，实现可控高效合成细胞生长	**合成细胞膜的生长与生物量增长的协同** • 解析天然生命系统中膜生长与生物量增长的协同机制 • 人工构建膜生长与生物量增长的协同模块 • 实现合成细胞膜的生长与生物量增长的协同

目标 2：合成细胞核心组分与前体物质的持续合成

突破能力	近期进展	至 2030 年进展
合成细胞物质供应系统	**核心代谢产物的半合成（非 DNA 依赖）** • 开发简洁高效的氨基酸、糖类、脂类的合成酶联体系 • 实现核心代谢产物的半合成（非 DNA 依赖）	**实现核心代谢产物从头合成（DNA 依赖）** • 解析物质代谢途径对定量分配和高效转化利用的设计原理及耦联匹配机制 • 建立全细胞或无细胞体系催化简单化合物形成核心细胞代谢物的技术体系 • 实现核心代谢产物从头合成（DNA 依赖）

目标 3: 实现化学能或光能驱动的 ATP 持续合成

突破能力	近期进展	至 2030 年进展
合成细胞能量供应系统	实现级联酶反应介导物、电子传递链驱动的 ATP 合成系统	实现呼吸链复合物与光能驱动的 ATP 合成

图 1 合成细胞的生长路线图

当前水平

搭建了源自大肠杆菌及源自噬菌体 Phi29 的体外 DNA 复制系统[4]。

目标 1: DNA 复制起始时间和剂量可控的体外 DNA 复制系统

突破能力	近期进展	至 2030 年进展
100 kb 大小的环状 DNA 分子的精确、完整、可控复制；转录-复制耦联，实现 DNA 的自持复制	构建 DNA 编码的复制调控蛋白表达系统，控制参与复制起始的关键蛋白表达的时间和剂量，实现 DNA 复制起始的体外构建和精准控制	构建磷脂囊泡内 DNA 自主复制体系，实现对 DNA 复制起始的时序性调控

目标 2: DNA 复制延伸和终止的精准控制

突破能力	近期进展	至 2030 年进展
开发新型可控的 DNA 复制中止策略	设计构建能够用于开发合成单细胞生命体 DNA 复制延伸调控系统	协调 DNA 复制与转录，减少复制与转录冲突事件，使 DNA 复制先于 RNA 转录，确保基因组的稳定性

图 2 合成细胞的 DNA 复制路线图

当前水平

采用两种方式合成实现细胞分裂：体外重建细胞分裂相关蛋白，但迄今尚未实现可控磷脂囊泡的分裂；采用物理、化学、机械等方式分裂磷脂囊泡[5]。在 DNA 分离方面，对 parMRC 系统进行了体外重构，实现了质粒 DNA 的分离[6]；提出了丁糖增诱导诱导 DNA 分离的理论模型[7]。

目标 1: 理性设计和构建合成细胞分裂复合物

突破能力	近期进展	至 2030 年进展
实现可控的合成细胞分裂	· 可控合成细胞分裂隔膜构建	· 鉴定介导细胞膜完全分裂的关键蛋白与调控因子，实现基于细胞分裂增诱导的可控合成细胞分裂

目标 2: 理性设计和构建介导合成细胞分裂的膜蛋白

突破能力	近期进展	至 2030 年进展
实现不依赖生化机制的可控合成细胞分裂	· 合成设计膜蛋白、多肽及其功能类似物介导合成细胞的分裂	· 研究合成膜的物理化学性质及非平衡态化学，实现不依赖生化机制的可控合成细胞分裂

目标 3: 合成细胞内 DNA 自主分离

突破能力	近期进展	至 2030 年进展
实现合成细胞中可控 DNA 分离	· 实现基于 DNA 分离复合物的半合成 DNA 分离，以及基于增原理的囊泡内可控 DNA 分离	· 鉴定与重建 DNA 分离过程中关键蛋白及调控因子，实现基于 DNA 分离复合物的囊泡复合内可控 DNA 分离

图 3 合成细胞的分裂路线图

当前水平

建立了基于支原体最简化细胞 JCVI-syn3A（493 个基因）的数字化全细胞模型[8]。

目标 1：活细胞功能协同机制解析及在合成细胞中合成设计与重构

突破能力	近期进展	至 2030 年进展
通过探究活细胞协同机制，并通过能体与实验的自主交互，实现"设计-构建-测试-学习"的高效闭环，最终在合成细胞体系中实现功能协同	• 胞机融合解耦天然体系功能协同机制，体外重响应 DNA 复制起始的功能协同系统	• 人工体系中实现细胞膜生长、蛋白质合成、DNA 复制与细胞分裂四者之间的完全协同

目标 2：构建周期协同、数字化细胞依赖的理论模型及标准表征数据形式

突破能力	近期进展	至 2030 年进展
构建标准数据库、建立数字化细胞	• 建立合成单细胞生命实验及理论建模所需的标准数据库及数据驱动的软件建模	• 建立数字孪生细胞，解析生命功能涌现原理

图 4　合成细胞的功能协同路线图

4.1.4 技 术 路 径

（1）合成细胞的生长

现有技术：在细胞膜合成技术方面，开发了多种细胞膜模型，并通过体外重组相关蛋白合成了磷脂，利用静电诱发磷脂囊泡融合等方式实现了囊泡的生长；在生物量增长方面，利用体外转录翻译系统 TXTL 在磷脂囊泡中实现了以 DNA 为模版的基因转录和翻译[1]；在物质合成方面，对活细胞进行基因调控以实现物质的高效合成[2]；在能量合成方面，利用多种材料与还原力实现了 ATP 的人工合成[3]。

目标与突破点：可控合成细胞的自主生长；可控合成细胞膜与生物量的增长；持续合成细胞核心组分与前体物质；建立外源补给与内源合成相结合的合成细胞物质供应系统；实现化学能或光能驱动的 ATP 持续合成；通过在合成膜上装载级联酶体系，驱动 ATP 的生成。

瓶颈：制备的磷脂囊泡大小不均一，包封效率不明确；人工细胞膜缺乏关键的离子通道或膜蛋白；合成的磷脂分子整合进磷脂囊泡的速率不可控；磷脂囊泡的生长表征方法不明确，至今未实现明显的磷脂囊泡生长。多蛋白、膜蛋白无细胞表达效率低，难以实现具备多种功能的基因线路在囊泡内的高效表达；人工细胞内基因的可控表达；合成细胞膜的生长与生物量的增长没有协同进行。目前，核心代谢产物的合成改造主要在活细胞中进行，如何在人工囊泡中实现核心代谢产物的合成，需要研究思路与方法的创新。大量元器件需要进行系统优化与集成。多个酶的有机组合的最终效果不明确，能否提高系统的整合水平及效率有待进一步研究；糖酵解级联酶的多相相分离有机组合并没有前人尝试；不同呼吸链有序组装成有功能的合成电子传递链仍然存在一些技术上的风险；呼吸链复合物与光能驱动的 ATP 合成还鲜有研究。

近期：可控合成细胞生长；核心代谢产物的半合成（非 DNA 依赖），即通过脂质体包裹合成核心代谢产物酶联体系的方式向合成细胞提供持续物质供给；实现级联酶反应介导的、电子传递链驱动的 ATP 合成系统。

至 2030 年：合成细胞膜生长与生物量增长的协同；核心代谢产物从头合成（DNA依赖），即实现合成细胞膜囊泡内基因的可控表达，支撑由简单碳源制备合成细胞内

各类生物大分子；呼吸链复合物与光能驱动的 ATP 合成。

潜在解决方案

建立高效可控制备磷脂囊泡的技术体系；采用纳米技术设计开发具有区室化磷脂囊泡的制备方法；利用蛋白质修饰、蛋白质定向进化等手段开发磷脂转运蛋白或通道蛋白将磷脂分子可控地整合进磷脂囊泡；优化外源底物酶促反应以及基于 DNA 的原位合成磷脂通路，实现高效磷脂囊泡生长。

借助自动化实验平台大规模筛选和优化无细胞蛋白质合成的实验参数；开发温控/光控基因线路的膜内蛋白表达方法；解耦天然系统中的膜生长与生物量增长协同机制；验证并提取可移植的膜生长与生物量增长协同模块。

通过系统调查对合成各类生物大分子的酶联体系进行总体规划，按所需合成的生物大分子的类型将总体规划体系分成不同的小型体系进行独立实验优化，再将优化后的小型体系耦合并优化形成系统的生物大分子酶联体系。

研究物质代谢途径进行定量分配和高效转化利用的设计原理及偶联匹配机制，分析代谢底物、中间体、终端废物的转运、利用和转化；建立全细胞或无细胞体系催化简单化合物形成核心细胞代谢物的技术体系。

纯化出系统内各个酶，通过不断优化各个酶的质量和比例，最终得到一个具有功能的级联酶系统，建立传递链循环，逐步实现膜上电子传递过程。

构建原始真核生物呼吸链复合物系统；整合实现呼吸链复合物驱动的还原力与 ATP 生成；建立光能驱动的还原力和 ATP 生成。

（2）合成细胞的 DNA 复制

现有技术：搭建了源自大肠杆菌（*Escherichia coli*）和源自噬菌体 Phi29 的体外 DNA 复制系统[4]。

目标与突破点：DNA 复制起始时间和剂量可控的体外 DNA 复制系统；100 kb 大小的环状 DNA 分子的精确、完整、可控复制；转录-翻译-复制偶联，实现 DNA 的自持复制；DNA 复制延伸和终止的精准控制；通过学习天然系统中完整复制与中止的策略，开发新型的可控 DNA 复制中止策略。

瓶颈：设计非引物依赖的、独立可控的 DNA 复制起始模块，并对复制起始位点进行精准设计、对复制活性进行精准控制；在囊膜内构建具有自主复制能力的DNA，并实现对复制活性进行精准控制；建立稳健的 DNA 调速系统；天然生物体采用复杂 DNA 损伤修复系统应对冲突事件对基因组的影响，体外重建困难。

近期：实现 DNA 复制起始的体外构建和精准控制；设计构建能够用于开发合成单细胞生命体的 DNA 复制延伸调控系统。

至 2030 年：构建囊膜内 DNA 自主复制体系，实现对 DNA 复制起始的时序性调控；协调 DNA 复制与转录，减少复制与转录冲突事件，确保基因组的稳定性。

潜在解决方案

分别针对体外重构的滚环式和复制叉式两种复制体系，研究针对复制起始时间和强度的精准调控，构建并优化体外转录翻译系统，进行复制起始位点及时序性的精准调控；构建基于 Phi29、HSV-1，以及其他细菌和病毒复制复合酶与起始位点的自主复制系统。对 DNA 复制调速系统进行穷举式的测试，建立膜内 DNA 复制系统，以及单因素与多因素复制延伸调速系统。从总体设计着手，对复制体蛋白、基因组结构和转录系统进行协调优化，从源头着手避免冲突事件对基因组稳定性的影响。

（3）合成细胞的分裂

现有技术：采用两种方式实现合成细胞分裂：体外重建细胞分裂相关蛋白，但迄今为止并未实现磷脂囊泡的分裂；采用物理、化学、机械等方式分裂磷脂囊泡[5]。在 DNA 分离方面，对 parMRC 系统进行了体外重构，实现了质粒 DNA 的分离[6]；提出了熵增诱导 DNA 分离的理论模型[7]。

目标与突破点：理性设计和构建合成细胞分裂复合物；研究活细胞分裂机理，对细胞分裂相关蛋白进行体外重组，实现可控的合成细胞分裂；理性设计和构建介导合成细胞分裂的膜蛋白；实现不依赖生化机制的可控合成细胞分裂；合成细胞膜内 DNA 自主分离，实现合成细胞中可控 DNA 分离。

瓶颈：分裂位置难以精准调控；体外重建 FtsZ 细胞分裂蛋白无法实现膜分裂；理性设计可介导膜分裂的膜蛋白、多肽及其功能类似物；利用合成膜的物理化学性质及非平衡态化学性质实现合成膜的可控分裂；实现 DNA 均等分离不仅依赖于所需的关键蛋白和调控因子，而且受囊泡包裹下的时空精准调控，不确定性较大；细

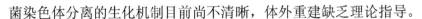

菌染色体分离的生化机制目前尚不清晰，体外重建缺乏理论指导。

近期：可控分裂位置标定与分裂隔膜构建；通过合成设计膜蛋白及其功能类似物介导合成细胞的分裂；基于 Par 蛋白复合物的半合成与基于熵增原理实现囊泡内可控 DNA 分离。

至 2030 年：鉴定与重建介导细胞膜完全分裂的关键蛋白及调控因子，实现基于细胞分裂复合物的可控人工细胞分裂；研究和表征合成膜的物理化学性质和非平衡化学，实现不依赖生化机制的可控合成细胞分裂；基于 DNA 分离复合物实现囊泡内可控 DNA 分离。

潜在解决方案

借助合成生物大设施对蛋白质组分与浓度进行大量筛选；开发新型分裂位置标定体系；利用转录组学、蛋白质组学及分子生物学等技术，鉴定介导细胞膜完全分裂的关键蛋白与调控因子，并对其进行体外重组，实现其分裂合成细胞的功能；研究多肽及类似物介导膜内陷过程，以此为参照理性设计与构建介导合成细胞分裂的膜蛋白；研究合成膜的物理化学性质及非平衡态化学，实现不依赖生化机制的可控合成细胞分裂；发展检测细胞形变、合成细胞膜动态结构的表征技术，为实验设计提供定量依据；以大肠杆菌为模式生物，构建染色体 DNA 分离的半合成系统；构建物理约束的囊泡包裹模型，调节环境拥挤程度与 DNA 结构实现熵致 DNA 分离；鉴定 DNA 分离过程中关键蛋白与调控因子，体外重建蛋白复合物介导 DNA 分离。

（4）合成细胞的功能协同

现有技术：提出了以"分裂许可物"为核心的细菌细胞分裂控制新模型[8]；建立了基于支原体最简化细胞 JCVI-syn3A（493 个基因）的数字化全细胞模型[9]。

目标与突破点：活细胞功能协同机制解析，以及在合成细胞中合成设计与重构；通过探究活细胞协同机制，以及智能体与实验的自主交互，实现"设计-构建-测试-学习"的高效闭环，最终在合成细胞体系中实现功能协同；构建周期协同的、数字化细胞依赖的理论模型及标准化表征数据形式；构建标准数据库，建立数字化细胞。

瓶颈：功能协同所对应的具体蛋白及相对应的蛋白调控与相互作用仍未知。协同元件库之间可能存在未知的耦合关系，导致协同机制相互串扰，无法实现合成细

216

胞多模块的完全协同。大规模自动化平台可以产生大量的数据，但是目前仍未有有效的技术方法系统地利用这些数据进行降维；同时，现有的全细胞模型中并没有考虑协同调控对于细胞周期的影响。现有的全细胞模型代谢反应很少，且几乎不包括调控过程；细胞内各个生物学过程的时空尺度存在巨大差异，这时模型建立和分析提出了挑战。不同过程可能需要采用不同的数学表示方法，以更准确地反映其在细胞内的动态特性。因此，为了更好地理解和模拟细胞内的生物学过程，未来的研究需要致力于解决上述问题，并发展更加全面、准确的全细胞模型。

近期：胞机融合解耦天然体系功能协同机制，体外重建响应 DNA 复制起始的功能协同系统；建立合成单细胞生命实验及理论建模所需的标准数据库及数据驱动的软件建模。

至 2030 年：人工体系中实现细胞膜生长、蛋白质合成、DNA 复制与细胞分裂四者之间的完全协同；数字孪生细胞的建立，即建立人工合成细胞的数字版本，对其中所有细胞代谢和调控过程进行动力学方程描述，实现对细胞周期的仿真模拟。

潜在解决方案

通过智能体与实验的自主交互，实现"设计-构建-测试-学习"的高效闭环，解耦天然系统中的功能协同机制，验证并提取可移植的功能协同模块。

基于合成生物大设施搭建具有细胞过程协同性检测能力的自动化平台；利用高通量自动化生物合成技术，对不同的元件进行替换并表征其协同程度；对合成细胞的细胞膜生长、蛋白质合成、DNA 复制与细胞分裂四者的完全协同的定向进化与智能分析。

发展有效的数据分析流程与方法，基于自动化平台大数据，提取细胞周期运行过程中的关键调控节点与规律，并在数字化细胞中引入相关的调控模块，进行合理的参数探索，对合成囊泡中引入协同基因线路提供理论指导；逐步建立粗粒化弱调控全细胞模型、跨尺度功能协同数字孪生细胞及粗粒化功能协同数字孪生细胞。

4.1.5 小　　结

能否从非生命物质合成单细胞生命，是生命科学领域的重大基础问题。实现生物大分子到单细胞生命的人工合成，将打破"非生命"与"生命"之间的界限，有助于回答关于生命起源、生物进化等多个重要科学问题。但是，从生物大分子向单细胞生命涌现的本质尚未被揭示，如何偶联和协同各功能模块形成完整的"生长-复制-分裂"细胞周期，是人工合成细胞领域面临的最大难点和瓶颈。融合可预测定量设计以及标准化高通量生物自动化铸造工厂，将为以上瓶颈的突破提供了一种解决路径。

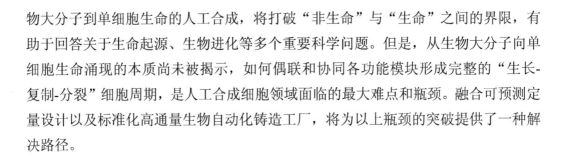

参 考 文 献

[1] Bhattacharya A, Cho C J, Brea R J, et al. Expression of fatty acyl-CoA ligase drives one-pot de novo synthesis of membrane-bound vesicles in a cell-free transcription-translation system. J Am Chem Soc, 2021, 143: 11235-11242.

[2] Yu T, Zhou Y J, Huang M T, et al. Reprogramming yeast metabolism from alcoholic fermentation to lipogenesis. Cell, 2018, 174: 1549-1558.

[3] Jia Y, Li J B. Reconstitution of FoF1-ATPase-based biomimetic systems. Nat Rev Chem, 2019, 3: 361-374.

[4] Olivi L, Berger M, Creyghton RNP, et al. Towards a synthetic cell cycle. Nat Commun, 2021, 12(1): 4531.

[5] Steinkuhler J, et al. Controlled division of cell-sized vesicles by low densities of membrane bound proteins. Nat Commun, 2020, 11(1): 905.

[6] Garner E C, Campbell C S, Weibel D B, et al. Reconstitution of DNA segregation driven by assembly of a prokaryotic actin homolog. Science, 2007, 315(5816): 1270-1274.

[7] Jun S, Wright A. Entropy as the driver of chromosome segregation. Nat Rev Microbiol, 2010, 8: 600-607.

[8] Thornburg Z R, Bianchi D M, Brier T A, et al. Fundamental behaviors emerge from simulations of a living minimal cell. Cell, 2022, 185(2): 345-360.

[9] Zheng H, Bai Y, Jiang M, et al. General quantitative relations linking cell growth and the cell cycle in *Escherichia coli*. Nat Microbiol, 2020, 5(8): 995-1001.

造物致用

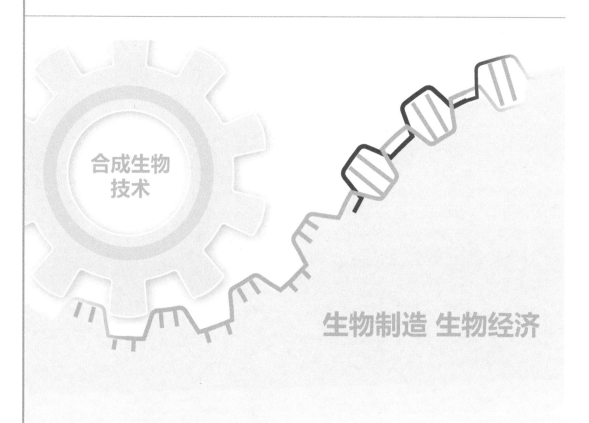

合成生物
技术

生物制造 生物经济

编写人员							
林章凛	王钦宏	戴宗杰	朱之光	刘　涛	柏文琴	冯进辉	郑宏臣
李金根	胡　强	袁曙光	赵　勇	罗小舟	魏　平	谢　震	黄　鹤
郑　浩	钟　超	马迎飞	潘　宏	秦建华	林　敏	张立新	王　劲
姚　斌	朱健康	周景文	金　城	宋茂勇	许　平	蒋建东	周宁一
张承才	沈　玥	杨　弋	张先恩	江会锋	魏鑫丽		

4.2 工业应用

4.2.1 摘 要

以合成生物技术为工具进行物质加工与合成的生产方式，具有清洁、高效、可持续等特点，能够减少工业经济对生态环境的影响，重塑碳基物质文明发展模式，触发新产业变革，引领新产业模式和经济形态。合成生物工业应用正成为生物制造及全球再工业化的重要驱动力，其以打造生物经济为核心，重点突破工业底盘细胞设计、合成、调控与优化等关键核心技术体系，实现高性能工业酶、精细与特种化学品、大宗可再生化工产品、生物基可降解新材料、天然产物、二氧化碳人工生物转化利用等颠覆性技术创新，推进合成生物工业应用技术工程化、产业化应用。

预计近期，将形成一批重要合成生物制造的工业产品，产业规模将达到近 2 万亿元；至 2030 年，建立新一代合成生物工业应用可持续发展技术体系，国际主流市场涌现出一批优势生物技术和产品，产业规模将突破 5 万亿元。

4.2.2 应 用 方 向

（1）工业酶设计与高效表达

当前，工业酶具有应用性能好、稳定性高、耐高温、耐酸及耐表面活性剂等特点，应用前景广阔。目前已构建出相对完善的工业酶蛋白高效表达底盘细胞，酶活高且发酵成本低。预期至 2030 年：

目标 1：实现酶的 AI 辅助迭代设计；

目标 2：实现高性能工业酶产品的创制；

目标 3：实现新一代工业酶生产菌株的创建。

（2）工业底盘细胞基因组合成

目前已实现大肠杆菌基因组全合成与酿酒酵母基因组 Mb 级染色体构建；在功能方面，已实现原核最小基因组与 7 个密码子精简、真核单细胞酵母的合成染色体重排进化。预期至 2030 年：

目标 1：开发针对工业底盘细胞的基因组构建技术，实现新型工业底盘细胞基因组合成与应用；

目标 2：开发非模式工业底盘细胞高通量基因组编辑技术。

（3）精细化学品生物合成

目前，化学合成与生物催化高度融合，生物催化已经成为精细化学品合成的首要选择，其合成途径效率高且污染排放少。预期至 2030 年：

目标 1：解析并阐明手性胺、手性醇类等精细化学品合成的关键酶结构、催化机理和手性选择机制，实现高效合成；

目标 2：阐明甾体天然代谢途径，实现甾体类精细化学品的高效合成。

（4）天然产物的微生物重组合成

天然产物微生物重组合成已取得重要进展，青蒿素、阿片等重要复杂天然产物合成途径已得到解析，并实现了异源合成；法尼烯、青蒿素、甜菊糖的人工合成已实现产业化应用。预期至 2030 年：

目标 1：挖掘天然产物生物合成关键酶，完成重要天然产物生物合成途径的解析；

目标 2：构建天然产物异源微生物细胞工厂，实现规模化生产。

（5）工业大宗化学品生物合成

大宗化学品生物制造已具备完整技术开发和产业化体系，在关键菌种方面已形成相对系统的知识产权布局。预期至 2030 年：

目标 1：实现新型工业大宗化学品的化学合成向着生物合成转变；

目标 2：实现传统大宗化学品核心菌种的迭代创新创制，以及传统发酵原料向非谷物原料的转换。

（6）生物可降解材料生物制造

生物基聚碳酸酯等聚合材料生物基单体的设计、替代及生物合成已取得进展，

222

已实现生物可降解材料的绿色生产。预期至 2030 年：

目标 1：实现多种聚合材料单体的高效生物合成；

目标 2：实现多功能化蛋白类、聚氨基酸等高分子材料的高效且直接生物合成。

（7）二氧化碳人工固定与转化

初步打通人工定制二氧化碳到百余种复杂分子的生物合成路线，并实现二氧化碳到燃料、蛋白质等的规模化应用示范。预期至 2030 年：

目标 1：形成一批非生物能的生物高效利用和转化关键技术，实现若干人工光合生物固碳、人工电能生物固碳等体系的规模化应用；

目标 2：从头人工设计关键生物固碳元件，实现人工固碳途径和系统的设计构建；

目标 3：建立一碳生物制造技术，实现以二氧化碳为原料的化学品定向合成。

（8）藻类固碳转化

目前已建立生物能源及高附加值分子的研究体系和平台，树立了以微拟球藻为代表的工业微藻合成生物学模式物种，建立了能源微藻合成生物学国际研究合作网络，为设计与构建高效、低成本、可规模化部署的光合固碳细胞工厂奠定了基础。预期至 2030 年：

目标 1：实现藻类底盘细胞的理性设计与系统改造，创制若干种无痕工业化微藻细胞工厂；

目标 2：开发适用于不同工程藻株的生物光反应器，建立藻类大规模高效稳定培养工艺包；

目标 3：实现藻类的固碳工程化示范与应用推广。

4.2.3 小　　结

利用合成生物使能技术高效合成大宗发酵产品、精细化工产品、稀缺医药产品等，为传统产业走出资源环境制约提供了崭新思路。合成生物支持的绿色生物制造产业正成为快速发展的战略性新兴产业，将引领新产业模式和新经济形态。但是，当前合成生物学研究仍以设计改造自然生物为主，其产物绝大部分为天然化合物。与之矛盾的是，绝大多数化学品并没有天然生物合成途径，且从头创建合成途径的报道极少。这将成为合成生物学未来发展及其工业应用面临的挑战，但也凸显了合成生物学的巨大潜力。人工智能、大数据等技术的发展，将为合成生物制造创造新的可能。合成元件库建设、途径规模化解析、生物途径高通量组装和优化、人造系统的调试等技术的全面整合，将使得构建全新人工合成途径、生产新型化合物成为可能。合成生物工业应用将持续降低大宗发酵产品、精细与医药化学品、可再生化学品与聚合材料、天然产物等生物制造的成本，促进人类经济社会的可持续发展。

4.3 医 学 应 用

4.3.1 摘   要

合成生物学为医药领域带来变革性机遇，有望大幅提升疾病预防水平和疾病治愈率，并具有数万亿产值的潜在经济规模。然而，随着疾病复杂程度的提高，新药研发难度和成本急剧增加，但研发成功率呈明显下降趋势。合成生物学和人工智能（AI）为新药研发带来革命性的技术手段。AI 赋能药物靶点发现、化合物筛选等环节，大大提升了新药研发的效率；高级代谢工程为医药化合物合成提供了更可控的工业规模制备；基因编辑可以治愈遗传性疾病，细胞工程可以构建效率更高的肿瘤免疫治疗和干细胞治疗等。

预计近期，将在超大 AI 辅助药物设计与筛选、针对各种病毒和肿瘤的 mRNA 疫苗设计与合成及递送体系、智能化药物控制释放、可降解和吸收生物材料、可控定植肠道菌群治疗、工程噬菌体药物、新型组织工程药物方面取得突破。预期至 2030 年，将实现全新功能医药和医用蛋白质的 AI 设计，天然药物（如紫杉醇、青蒿素等）的吨级规模制备，遗传病基因治疗、抗病毒感染和肿瘤治疗 mRNA 疫苗、细胞药物及细胞治疗（如干细胞、CAR-T 等）、新型组织工程产品（如活体生物材料等）、肠道微生物与工程噬菌体药物的临床应用。

4.3.2　应用方向

（1）蛋白药物 AI 辅助的设计与制造

谷歌 DeepMind 为代表的团队创建的 AlphaFold 在蛋白质三维结构预测方面获得巨大成功，AI 辅助的蛋白质从头设计方兴未艾，这些为靶标蛋白质的筛选和蛋白药物的设计奠定了重要基础。预期至 2030 年：

目标 1：与实验结构相比，靶标蛋白预测模型原子-原子之间距离方差（RMSD）与实验值相比<1.0Å；

目标 2：实现蛋白质功能的 AI 改造，全新功能蛋白质的 AI 设计；

目标 3：实现数百亿级别高效超大规模 AI 药物筛选。

（2）医用生物化学品合成

目前医用生物化学品合成已有部分实现工业化生产。预期至 2030 年：

目标 1：实现青蒿素、雷帕霉素等产品吨级以上的高效生物合成；

目标 2：实现紫杉醇、力达霉素等产品的异源途径重构高效生物合成。

（3）mRNA 药物高效合成

mRNA 药物在肿瘤、罕见遗传病、代谢疾病、心脑血管疾病等疾病治疗以及传染病的预防中具有广泛的应用前景。由 Moderna 和 BioNTech 等公司研发的 mRNA 疫苗在新冠疫情期间获得广泛应用。除了线性 mRNA，复制 RNA、环状 RNA 等新型 mRNA 药物技术也在迅速发展之中。预期至 2030 年：

目标 1：通过 mRNA 序列的设计与优化，实现上百种细胞类型、组织器官及肿瘤的差异表达；

目标 2：实现 mRNA 的核苷酸修饰与高效合成，合成成本降低百倍；

目标 3：开发 mRNA 新型靶向递送系统，靶向至数十种人体细胞类型、重要组织器官及肿瘤等典型病灶部位。

（4）细胞药物及细胞治疗

细胞药物具有在自身免疫性疾病、肿瘤、代谢疾病、感染及衰老相关疾病等方面具有广泛潜在应用价值。在细胞治疗的安全性、与受体的长期适配性方面，产业界处于从试错到理性设计转化的过程，研究机构与临床机构已经发展少量临床前和临床相关技术。在活性细胞药物生产方面，已经拥有完善的工业化体系与技术研发能力；在生产质控方面，与药监机构协作紧密。然而，当前细胞治疗技术的成本居高不下，限制了其产业发展。预期至 2030 年：

目标 1：初步实现对细胞药物成体系的质量控制，推动细胞治疗的临床广泛应用；

目标 2：建立活性细胞药物的基因编辑与基因组稳定性优化及高效检测技术；

目标 3：建立活性细胞药物对体内生理病理环境的在线检测与调控技术；

目标 4：实现适配供体细胞的活性细胞药物生产质控，降低生产成本。

（5）肠道微生物调控

肠道微生物与健康状况和多种疑难慢性疾病发生发展密切相关。全球范围内多家公司正在针对与肠道代谢、消化系统有关的慢性疾病设计开发工程菌株并开展临床试验，目前已有多款产品进入临床试验中期阶段且取得突破性进展。预期至 2030 年：

目标 1：开发利用工程化活体生物治疗剂治疗重大慢病的基因工程微生物药物技术平台，为临床需求提供从研发到生产的一站式服务；

目标 2：开发数十种能够在肠道中原位合成并分泌药物分子（如蛋白药物）的工程化活体生物治疗剂，实现对更多难治性重大慢病的治疗。

（6）蛋白质医用材料设计与应用

AI 生物计算工具的出现为功能蛋白质材料的从头设计奠定了基础，已经能够设计出初步具备智能响应能力的智能材料，在干细胞与再生医学、肿瘤靶向治疗、药物递送等领域展现潜力。预期至 2030 年：

目标 1：实现医用蛋白材料的理性设计；

目标 2：实现医用蛋白材料在药物递送、肿瘤靶向诊疗、分子影像及诊断等领域的应用；

目标 3：搭建人体组织和器官的再生生物材料制备及生产平台，搭建生物智能仿生材料大规模制备和发展平台，实现医用蛋白材料的大规模智能制造。

（7）噬菌体治疗

噬菌体治疗是对抗细菌耐药性最有潜力的武器之一。通过重新设计、构建工程噬菌体，可进一步提高其生物安全性及其杀菌效价。当前此类研究主要集中在有限的几种模式噬菌体上进行。预期至 2030 年：

目标 1：实现适用于治疗难治性、慢性结核病的工程噬菌体的基因组重构；

目标 2：完成工程噬菌体临床疗法临床试验，并获批上市；

目标 3：实现噬菌体抗菌蛋白的高效挖掘、生物合成、临床试验，并获批上市。

（8）仿生药物递送系统构建

基于天然生命体或类生命体（如外泌体、脂质体等）创建药物递送系统，并借助体内固有路径靶向递送药物。其优势是能够克服体内复杂环境和多重屏障，并且具有较高的成药性，而且可实现多种靶向功能。预期至 2030 年：

目标 1：实现新型类生命体仿生药物递送系统构建；

目标 2：实现天然生命体单元仿生药物递送系统构建；

目标 3：实现合成改造生命体单元仿生药物递送系统构建。

（9）再生医学与器官修复

干细胞疗法已在许多疾病的治疗上有临床实验性及早期应用，但细胞来源和安全性仍缺乏必要保障；骨、眼角膜等生物材料替代物生物相容性好，已在临床获得应用；但材料的降解速度与细胞功能的匹配等方面仍存在不足；现有的组织器官工程产品多为无细胞器件，真正的组织器官替代尚无法实现。预期至 2030 年：

目标 1：建立标准化干细胞库，实现干细胞在再生医学中的产业化应用；

目标 2：通过人自体细胞、组织与生物材料有机结合，实现移植材料在器官修复中的应用；

目标 3：结合合成生物技术，提升组织器官工程产品的生理相容性、生物功能

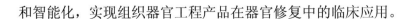

和智能化，实现组织器官工程产品在器官修复中的临床应用。

（10）基因编辑疗法

目前，基因编辑已经在疾病治疗上展现出巨大的潜力。但是总体上，体细胞和干细胞编辑的安全性、适用性以及临床技术尚待加强，大规模基因编辑系统尚待开发。预期至 2030 年：

目标 1：进一步开发用于临床的基因编辑系统，实现若干已知遗传原因的疾病的治疗；

目标 2：在体细胞基因组编辑成功的基础上，开发干细胞基因组编辑的传递载体、基因编辑器和编辑系统；

目标 3：实现治疗性基因编辑系统的规模化制备；

目标 4：探索多基因遗传性疾病的治疗技术路径。

4.3.3　小　　结

新药研发面临着成本高且预期收益率不稳定的双重困境。合成生物和人工智能（AI）为新药研发带来新的技术手段。AI 赋能药物靶点发现、化合物筛选等环节，大大提升了新药研发的效率；高级代谢工程为医药化合物合成提供了更可控的工业规模制备；新一代具备临床应用意义的传递系统增加了 mRNA 疫苗等在疾病治疗方面的可能；细胞治疗、活体药物治疗、肠道微生物调控、噬菌体治疗则为疾病诊疗开辟了新途径；再生医学为组织器官的修复、重建与再生带来新希望，其中干细胞与合成生物学等新技术的交叉融合，将在再生医学发展中扮演着重要角色。合成生物技术的迭代发展，将进一步激发其在医学领域的巨大潜力，造福人类生命健康。

4.4　农业与未来食品应用

4.4.1　摘　　要

合成生物技术在农业与食品领域的应用主要包括抗干旱（抗盐碱）、高效固氮/光合作物、农作物基因编辑育种、人工替代蛋白及新型合成食品、健康养殖及农用制剂等方向。高级细胞工厂及人工合成菌群等将有利于推动未来食品的理性设计和绿色制造，促进新一代的农用制剂、健康养殖技术的发展。

预计近期，将在极端微生物的抗逆元件库、人工抗逆线路、人工固氮酶系统、新型光合系统、农作物基因编辑育种技术、食品级高版本底盘细胞工厂构建等方面取得突破，获得一批饲用、肥用、生防用等专用微生物和酶制剂、脱毒专用微生物。至 2030 年，将在新型抗逆植物种质材料创制、高效智能联合固氮体系应用、植物细胞器自主固氮作物、CO_2 高效回收转化新型智能碳回路构建、高产稳产、高营养型的农作物新种质创制、替代蛋白肉重组和产品成型加工，以及合成食品中关键食品组分的高效、规模化工业制造示范等方面取得突破。

4.4.2 应用方向

（1）高效抗逆和抗病

当前在植物抗逆信号的识别、传递机理、信号化合物及抗逆性分子调控机理、抗逆元件库的构建、植物逆境信号与产量、品质形成关系研究等方面等取得重要进展，这为高抗逆、高产、优质农作物的人工设计奠定了重要理论基础与技术支撑。预期至 2030 年：

目标 1：实现植物抗逆智能线路的设计；

目标 2：实现作物高效抗逆与高产优质的协同控制；

目标 3：实现人工高效智能抗逆线路的作物和微生物育种应用；

目标 4：实现植物自动检测和自我治疗感染的人工线路及模块的设计与育种应用。

（2）高效固氮

当前固氮微生物资源利用、基因组演化、代谢网络解析、根际微生物组与宿主互作、人工固氮体系构建以及固氮结构生物学等均取得重要研究进展，为人工固氮体系的农业应用奠定了重要理论基础与技术支持。预期至 2030 年：

目标 1：实现根际人工高效智能联合固氮体系创建；

目标 2：实现非豆科粮食作物人工结瘤固氮体系创建；

目标 3：实现人工自主固氮真核微生物和植物创建。

（3）高效光合

合成生物技术在提高光能吸收、减少光能损失、增强碳同化效率以及创制光合系统-新材料复合体等方面取得了一系列重要进展，为光合途径的改造奠定了基础。预期至 2030 年：

目标 1：实现天然光合途径的人工改造与适配优化；

目标 2：实现人工光合途径与智能材料的系统整合；

目标 3：实现高效光合途径在底盘作物中的重建。

（4）农作物基因编辑育种

基因编辑技术作为定向创制农作物新种质的新兴育种技术，具备高效、靶向精准等突出优势，结合合成生物学原理，预期至 2030 年：

目标1：建立一批新基因编辑底盘工具，形成基因编辑技术集成体系；

目标2：创制新一代大豆、小麦、玉米和马铃薯等高效光合、生物固氮、生物抗逆农作物新种质；

目标3：实现农业生物绿色合成生物学平台的搭建和优化。

（5）未来食品与食品成分

人工替代蛋白（如乳清蛋白、卵蛋白、微生物蛋白、昆虫蛋白等），以及新型合成食品及成分（如油脂、糖、淀粉、风味和添加剂等）等未来食品组分产业发展迅速，已形成系列关键制造技术，上市公司及品牌众多，风险评估与政策法规较完善。预期至 2030 年：

目标 1：挖掘和发现新型食品风味成分或者结构；

目标 2：实现未来食品组分制造的细胞工厂优化，实现未来食品及食品原料的低成本发酵或培养生产；

目标 3：建立新型食品加工技术，优化食品组分加工和结构，实现未来食品及食品原料的食品加工应用。

（6）健康养殖

当前合成生物学在养殖相关核心菌株、关键技术等方面相对落后于其他领域，饲用、肥用、生防用等新型重大产品应用有待发展。预期至 2030 年：

目标 1：发现若干动物肠道与机体健康调节专用新饲用酶，并实现推广应用；

目标 2：实现更大规模的微生物合成量产饲用氨基酸、蛋白质和脂肪；

目标 3：开发若干脱毒用合成微生物和酶制剂，并实现推广应用。

（7）农用制剂

农用制剂是指在农业生产中用于提高农作物产量、控制病虫害、调节生长等目的的化学物质或生物制剂。它们被广泛应用于农业领域，包括农药、肥料、生长调节剂、土壤改良剂等。目前，农用制剂生物合成创新体系的构建缺乏高效通用的底盘细胞。预期至 2030 年：

目标 1：实现农用制剂人工途径及高效通用底盘细胞的创制；

目标 2：实现农用制剂重大产品的合成生物制造。

4.4.3 小　　结

合成生物技术有望为农业"老三篇"问题（抗逆、光合、固氮）和新种质创制提供更有效的解决方案。发展小分子制造和蛋白（酶）表达的合成生物元器件及底盘生物，有助于新一代未来食品、健康养殖和农用制剂绿色制造。理顺相关政策法规，将拓宽合成生物技术在农业及食品领域的商业应用和市场机会，从而更好地保障粮食安全。

4.5　环　境　应　用

4.5.1　摘　　要

环境生物技术主要包括环境生物监测、污染物生物降解，以及环境生物治理等。

合成生物学具备定制化、模块化的优势，可以突破传统环境生物技术菌种选育周期长、定向性差、优势性状不稳定等问题。通过"元件创制-线路组装-体系重构"的研究策略，构建智能、高效、安全的合成生物个体或多细胞体系，用于传统污染物（如多环芳烃、农药等）和新污染物（如药物、雌激素等）的监测、降解和治理；结合污染场景的实际需求和瓶颈问题，提供定制化的解决方案，实现自动化、高通量的环境监测及污染物变危为安、变废为宝的无害化策略，推动相关应用领域的技术变革，为绿色经济提供新的发展动力。

预计近期，完成超进化元件库构建，形成一批较为成熟的技术体系；至 2030 年，实现合成生物在环境领域的规模化应用。

4.5.2　应 用 方 向

（1）环境生物监测

人工合成生物传感器已成功应用于多种真实环境污染物分子检测，如农药、增塑剂、合成激素、重金属及新冠病毒等。预期至 2030 年：

目标 1：实现真实环境中新污染物快速识别与高灵敏传感元器件库构建；

目标 2：利用机器学习辅助，实现高效全细胞生物传感器构建；

目标 3：实现高通量生物传感阵列与环境健康效应评估偶联系统的构建。

（2）污染物生物降解

目前主要针对多环芳烃、卤代芳烃、烷烃、农药及少数高分子聚合物等污染物创制元件，重构代谢线路，构建人工多细胞体系。然而，目前依然缺乏有效、通用的理论和工具。预期至 2030 年：

目标 1：实现难降解及新型污染物的安全降解；

目标 2：实现污染物降解微生物组的高效智能合成。

（3）环境生物治理

当前研究主要关注反应器中土著微生物群落的优化及调控，在合成微生物组应用方面的相关报道极少。预期至 2030 年：

目标 1：实现脱氮除磷合成微生物组的定制化构建及应用；

目标 2：实现富含难降解污染物、重金属复合污染土壤的生物修复的规模化应用。

4.5.3 小 结

合成生物学为环境生物技术的变革提供了新的契机。但鉴于环境污染物的多样性、顽固性和应用场景的复杂性，合成生物学在环境领域的应用，一方面仍存在技术瓶颈；另一方面还需重视环境释放等安全性问题。针对难降解和毒性污染物聚集和污染区域特点，定制降解微生物制剂，可为生物修复提供新的解决方案。提高合成生物产品对实际场地的抗逆能力，将提高其在实际修复中的效能。通过自限系统或材料偶联等方法，降低合成生物逃逸能力，将确保生物安全性，突破合成生物从实验室水平走向应用水平的瓶颈。

4.6 生物与信息交叉技术及地外生物

4.6.1 摘 要

DNA 存储和生物传感被认为是生物技术与信息技术交叉的典型。当今社会，由于数据急剧积累，使得存储技术成为瓶颈。随着 DNA 测序与合成技术的迅速发展，DNA 存储被认为是具有颠覆性潜力的新型数字信息存储方法，可用于实现海量数据的长效存储。

生物传感是生物数据采集乃至健康医疗物联网构建的重要手段，合成生物学的引入将实现生物传感新赋能。发展活细胞多维度分子生物传感、快速超灵敏生物传感、可穿戴智能生物传感技术等，将为生命科学研究、疾病诊疗、生物制造过程控制、环境污染现场监测等提供先进工具。

在航天科学方面，拓展地外空间具有重要的战略意义。地外空间环境严苛，是否存在生命尚无定论，微生物作为未来人类向地外空间拓展的生命先锋最具潜力。地球生境中存在与火星等地外行星相似的极端条件，依托该条件，构建具有

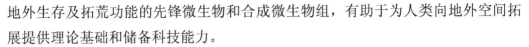

地外生存及拓荒功能的先锋微生物和合成微生物组，有助于为人类向地外空间拓展提供理论基础和储备科技能力。

预计近期，搭建 DNA 存储系统操作软件，推进 DNA 存储相关行业标准的建立；在单细胞代谢时空动态成像与分析技术、生化传感器指标的集成化和智能化及可穿戴技术方面取得突破；构建至少 1 个地外先锋微生物底盘。预期至 2030 年，构建 DNA 存储的数据操作系统；在多重检测、适应性强、可靠性高的即时核酸生物传感器取得突破，实现 POCT 需求；构建至少 1 个地外合成微生物（组），其具备利用太阳能将空气中 CO_2 合成为有机物的新途径，能量利用效率、物质转化速率超越地球自然生物 10～100 倍。

4.6.2 应用方向

（1）DNA 存储

当前，在编解码方面，实现理论信息密度 215 PB/g，最低数据恢复所需 DNA 分子拷贝数 10^4；在功能方面，实现信息的随机读取、图片预览、相似性搜索等功能；在应用方面，实现 DNA 存储自动化集成原理设备搭建，读写效率达 5B/21h；已报道应用示范存储最大数据量约 200 Gb。预期至 2030 年：

目标 1：实现 DNA 存储的功能拓展与操作系统架构建立，推进 DNA 存储相关行业标准的制定；

目标 2：实现 DNA 存储的一体化集成与应用示范。

（2）生物传感

在活细胞代谢传感方面，只能针对极少数代谢物与代谢途径进行代谢表型的零散分析，活细胞代谢表型组学研究尚处于萌芽阶段。在核酸传感方向，虽然已有 POCT 仪器出现且商业化，但兼具快速、多重、灵敏、可用于家庭的核酸检测技术尚未出现。在可穿戴生化传感方面，已实现血糖、乳酸等指标的连续监测，但在多维检测、装备智能化与微型化方面还存在巨大挑战。预期至 2030 年：

目标 1：开发多重检测、适应性强、可靠性高的即时免疫/基因生物传感器，实现病原测定的 POCT 需求；

目标 2：建立细胞代谢传感表型分析体系，实现基因编码的生物传感器在各亚细胞结构中的定位；

目标 3：实现生物反应过程生化参数的适时在线监控；

目标 4：开发创新的传感器和传感器阵列，用于综合健康诊断；

目标 5：实现生物传感与微纳机器人的整合，用于体内疾病诊疗。

（3）地外生物

借助近地轨道空间站的舱外暴露装置，对地球来源的部分不同类型微生物，如细菌、地衣、藻类、噬菌体病毒、人工合成生物等开展了不同时间尺度及条件下的地外生存试验，对其生存能力主要进行了表型和生理活性等层面的评估。古菌和蓝细菌合成生物学尚处于起步阶段，地衣合成微生物组学未见报道。预期至 2030 年：

目标 1：实现地外拓荒先锋微生物底盘设计及构建；

目标 2：实现地外合成微生物模拟应用。

4.6.3 小 结

要实现 DNA 储存，在信息写入方面需要重点关注比特-碱基的转换效率、信息密度、数据写入（合成）的准确性等；在信息读出方面，重点关注纠错、解码速度、解码准确性等；在信息保存方面，注重数据在长期保存和极端条件下的数据恢复稳定性等；在信息操控方面，重点关注分子生物学、纳米科学在 DNA 存储体系下的功能应用。合成生物学为生物传感技术的赋能体现在两个方面：一是多个生物敏感元件的集成运用，实现多参数测定；二是生物敏感元件的智能设计与改造，构建稳定性好、超灵敏、适应不同应用场景的生物传感系统。研究对象为多基因调控的时空动态复杂体系，适合于发展新型多功能的生物传感技术，需要重点关注生命组学技术和疾病诊断等实际应用场景。地球生境中仍存在与火星等地外行星相似的极端条件，因此可以从现有地球极端微生物出发，构建地外微生物，系统搭建有关装备和技术体系，并重点探索 CO_2 固定新途径。

保障能力与治理原则 **5**

　　合成生物学的高质量发展离不开良好的政策与监管环境，以及契合学科发展特点的治理体系。本章围绕合成生物学的伦理考量、法律监管、人才培养、资金保障、学术组织和国际交流以及公众科普等方面展开，并提出基于国际科技界共识的合成生物学发展治理原则，与国际同行和公众共同促进成生物学的健康发展。

保障能力与治理原则

法规

政策

伦理

编写人员 雷瑞鹏　王国豫　张先恩　刘陈立　傅雄飞　熊　燕　杜　立　陈　方
林章凛　李玉娟

5.1 能力建设

5.1.1 伦理考量

合成生物学作为未来基因生物技术，同样也遵循传统基因技术所适用的常规伦理道德考量。合成生物学研发过程若涉及动物实验或人体试验，需按照流程事先完成伦理审查。合成生物学"使生物学更容易工程化"，通常被描述为导致"双重用途"的威胁增加，但这往往忽略了学科的专业性，以及在寻求设计和生产人工生物体系时面临的重大困难。

全球各地都非常重视生物伦理治理，从国际、区域及国家层面都形成了相对完善的伦理治理体系。国际层面，干细胞研究学会于 2021 年 5 月更新的《干细胞研究和临床转化指南》，为科学监管干细胞临床转化提出了切实可行的建议。2021 年，世界卫生组织发布《人类基因组编辑管治框架》和《人类基因组编辑建议》，为人类基因编辑提供伦理监管框架。中国现行法律规范对生命科学领域的伦理治理进行了宏观指导和规范，设立了明确的伦理规范要求——不得危害人体健康，不得违背伦理道德，不得损害公共利益。此外，《科学家生物安全行为准则天津指南》（2021）、《关于加强科技伦理治理的意见》（2022）、《涉及人的生命科学和医学研究伦理审查办法》（2023）、《涉及人的临床研究伦理审查委员会建设指南（2023）》等，为科技伦理监管提供了规则供给。

当前，合成生物学仍处于发展初期，在识别新的重大风险之前，可考虑适用现有的生物伦理治理体系，对于科学研究，鼓励创新；对于临床试验，严格规范审查。伴随着学科的发展，应探讨其潜在的伦理道德问题，并在过程中主动解决，平衡发展与安全，以负责任的态度创新。

5.1.2 法律监管

对于生物科技的法律规范与监管问题研究早有开展，现行法律法规已覆盖实验室生物安全、病原微生物、基因工程和转基因、人类遗传资源与生物资源保护、伦理管理、两用物项和技术管控等多个领域。值得一提的是，《中华人民共和国刑法》

（2020 修正）新增了非法植入基因编辑、克隆胚胎罪，明确了国家对于非法进行人类基因编辑、克隆行为的监管立场。2021 年，《中华人民共和国生物安全法》（简称《生物安全法》）正式实施，确定了中国生物安全风险治理体系的基本监管法律框架。其中，"生物技术研究、开发与应用"是指通过科学和工程原理认识、改造、合成、利用生物而从事的科学研究、技术开发与应用等活动（第 2 条第 2 款）。合成生物学的研究、开发与应用在《生物安全法》规定的"生物技术研究、开发与应用"的外延范围内，其相关活动受《生物安全法》的调整。而且，《生物安全法》确立了一个重要原则，即"从事生物技术研究、开发与应用活动，应当符合伦理原则"（第 34 条第 2 款）。

法律基于强制力可以在相当一段时期内得到普遍遵守，保证法律具有高度的稳定性，从而维系应有的秩序。技术的快速发展使得其产生的监管挑战远远快于其问题的解决。面对科学发展的不确定性（未知创新），在科学认知局限下的立法可能会造成过高的立法成本和更多的规范风险。合成生物学作为仍在快速发展的领域，发展规律尚未定型，其赋能边界仍在不断拓展。某些无法预知的潜在风险，往往出现在研究与应用过程中。

当前，合成生物监管体系的重点在于"终产品"或者"应用场景"。合成生物技术的部分赋能应用在一定情况下受当前法律规范限制。仅基于风险评估的新兴技术监管体系存在过于狭隘的缺陷，在确保安全的前提下仍需兼顾社会经济与回应社会关切，平衡发展与安全，法律规范的研究制定需与合成生物学发展相伴而行。

由于合成生物学发展早期阶段存在不确定性，以及实际的政治背景，制定新的法律法规或者对已有的法律法规进行重大修改需要重大的人力和时间成本。强调从统治到治理转变的软法治理，为创新监管提供一种新的路径。合成生物学的发展及赋能应用涉及学术界、产业界、社会团体组织及科研机构，甚至资本界、媒体及公民等众多利益主体，构建多元的合成生物学监管体系，充分发挥多元主体的主观能动性，调动其参与的积极性，以负责任的态度开展创新，使这一有前景的技术在尽可能快速发展的同时，仍能充分防范对人类健康和环境的潜在风险。

5.1.3 人才培养

学科的发展离不开人才的培养。合成生物学是一门会聚交叉学科，全球高度重视合成生物学领域人才的培养工作。国际基因工程机器大赛（International Genetically Engineered Machine competition，iGEM）是合成生物学领域的世界最高规格学生竞赛，由美国麻省理工学院发起，至今已发展十余年，为合成生物学领域培育了大批优秀人才。中国每年参赛队伍超过 100 支，参赛人数近 2000 人，参赛队伍连续多年获得约 1/3 的金牌数。2022 年，中国生物工程学会合成生物学分会发起中国首届合成生物学竞赛（SynBio Challenge），开局良好，逐步走向国家化。这些都将为合成生物学、生命科学、交叉学科培养后备生力军。

在中国，2018 年，教育部启动“高等学校基础研究珠峰计划”，天津大学获批建设合成生物学前沿科学中心。2019 年，教育部将合成生物学列为自主设置交叉学科，按照二级学科管理。2019 年，深圳理工大学正式获批纳入广东省高校设置“十三五”规划，开始筹建，合成生物学院为其拟设立的六大学院之一。2020 年，教育部正式批复天津大学申报的合成生物学专业，目前已经有一批高校设立了合成生物学专业。

合成生物学领域作为一门新兴学科，总体而言，人才储备还相当薄弱。未来的发展，需要加强对高校和科研院所合成生物学领域教育的投入，进一步推广优化交叉学科教育模式，构建本-硕-博研学体系，加强“合成生物学-生物技术-生物制造-生物经济”领域及相关的科技政策、伦理法规等人才的培养，为合成生物学研究、转化和产业发展提供高质量的人才储备。

5.1.4 资金保障

合成生物学的影响力日益凸显，正推动全球生物经济规模的不断扩大，成为美国、欧盟、英国、中国等世界主要经济体重点规划和投入的领域。

中国高度重视合成生物学的发展。科学技术部从 973 计划及 863 计划的前期布局到“十三五”重点专项的系统性布局以及“十四五”规划强化支持，累计投入约 50 亿元人民币，极大地支持了中国的合成生物学研究。新时期，生物制造与生物经济被列为国家战略。国家重点研发计划中部署了合成生物学、绿色制造、生物与信息融合（BT 与 IT 融合） 等多个专项，地方政府也纷纷设立合成生物学和生物制造专项，部分地区还设立了政策配套的产业园区，培育了一大批初创企业甚至上市公司，形成了政府资金投入和社会资本互动的良好局面，促进合成生物学繁荣发展。

5.1.5 学术组织与国际交流

学术组织是推动学术研究和交流的重要力量,在促进科技合作方面发挥着举足轻重的作用。随着全球化进程的加速,各国之间科技交流日益密切,国际合作显得尤为重要。学术组织为国际科技交流和合作提供了重要的载体平台。在合成生物学领域,国际、区域及国家、地方等各级组织构建形成全球创新网络体系,推动领域的共同发展。

5.1.4.1 工程生物学研究联盟

工程生物学研究联合联盟(Engineering Biology Research Consortium,EBRC)是一个非营利的公私合作组织,致力于汇聚包容性的社区,共同致力于推进工程生物学(合成生物学)发展以解决国家和全球需求。EBRC 专注于合成生物学相关的路线图、教育、安全以及政策和国际合作等方面的研究。目前,EBRC 已经针对合成生物学未来生物经济以及材料科学、微生物组学、半导体、国防等方向发布系列路线图,为全球合成生物学发展提供了重要参考。

5.1.4.2 国际合成生物设施联盟

国际合成生物设施联盟(Global Biofoundry Alliance,GBA)于 2019 年在日本神户正式成立,由美国、英国、新加坡、澳大利亚、加拿大、丹麦、日本、中国等 8 个国家共 16 所顶尖合成生物设施机构共同发起。GBA 以在全球推动合成生物设施建设为目标,将共享基础设施、开放标准、分享最佳案例、互通数据资源,共同应对可持续发展等全球性科学挑战。目前,GBA 正在积极探索并推进重大科学基础设施面向全球开放的共享机制。

5.1.4.3 亚洲合成生物学协会

亚洲合成生物学协会(Asian Synthetic Biology Association,ASBA)于 2018 年由中国、日本、韩国、新加坡四国学术机构发起成立,总部设于中国深圳。ASBA致力于开展国际学术交流,提高人才培养与科研水平,促进亚洲合成生物学向国际一流水平发展。在 ASBA 的基础之上，中国、日本、韩国、新加坡、澳大利亚、泰国、马来西亚、印度等 8 个国家于 2023 年在深圳发起成立单细胞生命合成亚洲联盟（SynCell Asia Initiative），聚焦世界科技难题，探索各国在人才交流、科研合作等方面的创新体制机制，助推亚洲单细胞合成高速发展。

5.1.4.4　中国生物工程学会合成生物学分会

中国生物工程学会合成生物学分会于 2018 年正式筹建并挂靠于中国科学院深圳先进技术研究院，汇集了国内合成生物学核心力量，努力成为合成生物学"科技工作者之家"，举办各类学术活动，承担科技咨询和科普宣传，组织合成生物学竞赛（SynBio Challenges），多次被评为生物工程学会的优秀分会，已成为一个活跃的、有凝聚力和影响力的学术组织。为进一步培育青年力量、提升合成生物学分会凝聚力，中国生物工程学会合成生物学分会 2021 年组建青年工作组，培育青年优秀力量，增强对青年科技工作组的联系覆盖，旨在真正建成全方位的合成生物学领域科学家"俱乐部"。

5.1.4.5　其他

上海、深圳、湖北等地陆续组建合成生物学相关的学术组织、产业协会与联盟，为该领域的学术研究和产业化发展提供强力支持。上海市生物工程学会、上海合成生物学创新战略联盟、上海市合成生物产业协会、深圳市合成生物学协会、深圳合成生物产业创新联盟、湖北省合成生物学学会等团体组织的建立，在合成生物学学科与产业发展中发挥举足轻重的作用。

未来几年，国际交流对接合作将进一步深化，区域性乃至国际性的社会团体组织将在国际层面的科技交流中发挥无法取代的重要作用。

5.1.6　公众科普

合成生物学在工业、医药、农业与食品、环境及生物信息等方面具有广泛的应用前景，为应对气候危机、粮食危机、重大疾病诊疗以及新突发公共卫生事件等全球共性挑战提供可行性方案，日渐成为促进生物经济乃至社会经济发展的重要推动力。而合成生物学"自下而上"的工程学研究范式以及"人造生命"的宏伟目标，引发公众忧思。对合成生物学发展的认知偏差可能无形中加剧公众对其潜在伦理与安全风险的担忧。新闻媒体塑造公众对于科学的理解：一方面，假设性叙事可能会增加公众担忧，引发社会安全风险；另一方面，媒体对合成生物学的潜在风险缺乏关注，引发公众怀疑。在合成生物学发展的过程中，我们需要警惕片面的公众舆论，避免媒体的过分夸大炒作宣传，加强基于正面引导的公众科普、媒体对话，构建科学叙述，促进研究成果实现惠益分享。

5.2 治理原则

基于对合成生物学伦理政策法规、人才培育、国际交流及公众科普等方面的考察，提出合成生物学治理原则，包括可信、共济、公正、尊重及尊严五大原则，以期促进合成生物学高质量发展。

5.2.1 可 信

（1）确保安全可控

对合成生物使能技术进行安全评估，保障使能技术的鲁棒性和可靠性，确保设计和制造活有机体的遗传物质的研究活动安全可控；建立合成生物学研究和转化应用全生命周期的公开透明机制，实现可解释性、可追溯性、可理解性、可反馈性；在基础和应用研究之外，研究开发应对生物安全和生物安保的生物遏制技术措施及安全装置。

（2）加强风险防范

增强底线思维和风险意识，加强合成生物学发展的潜在风险研判，积累风险认知和评估的知识。对合成生物学在医药/食品、能源/材料、农业/环境领域的应用研究进行前瞻性风险评估，基于防范原则，分析和评估从无到有构建新型生物体、创造新颖和增强的功能性、合成材料的新颖性和复杂性、基因驱动改造野生生物种群的不确定性风险，以及相应的生态环境和人体健康影响。

（3）保持动态权衡

对合成生物学创新和应用进行风险-受益评估与判断，基于核心理论和不同技术解决方案权衡预期受益和潜在风险，确保可接受的风险-受益比，充分发挥合成生物学"造物致知"理解生命本质、"造物致用"创造社会经济效益的重大创新价值；基于反思平衡方法，根据基础和应用研究进展，建立跨学科、跨领域、跨地区、跨国界的动态权衡评估机制。

（4）强化责任担当

贯彻负责任创新的价值理念，落实合成生物学研究和创新中的主体责任；强化自律意识，加强合成生物学研发相关活动的自我约束，主动将伦理原则/准则融入科学研究和技术研发各环节，加强科研诚信、伦理研究和自我管理，建立健全研发和转化应用问责机制，传播研究成果应平衡兼顾效益最大化和风险最小化；自觉承担科学普及和传播责任，积极参与公众对话，帮助公众理解科学。

5.2.2 共　　济

（1）增进共同福祉

坚持以人为本，遵循人类共同价值观，尊重人类根本利益诉求。合成生物技术的创新和应用应该追求公共善，优先考虑满足重大或急迫的社会公共需求，积极促进弱势群体的福祉。人的福祉既包含现在世代的人，也包含未来世代的人，要求人在社会和环境中都处于良好状态。同时要将合成生物学创新可能引起的对人和环境的风险最小化、受益最大化。

（2）实现可持续发展

合成生物学应该致力于提供替代技术来解决当前社会面临的能源、材料、食品、环境、健康、数据存储等不可持续发展问题，开创新的生物经济时代，保存我们的数字遗产，应对未知流行病的威胁；推动经济、社会及生态可持续发展，共建人类命运共同体。

（3）保护生物多样性

充分考虑潜在的正面和负面影响，谨慎利用合成生物技术所产生的生物体和产品助力生物多样性保护，共建地球生命共同体，遏制生物多样性丧失；加强防范改性活体及基因环境逃逸等潜在威胁，主动全方位考虑和评估科技创新对生物多样性的影响。

（4）加强国际合作

转变零和博弈的思维，鼓励国际科学共同体广泛开展交流与合作，探索竞争中合作与合作中竞争的共赢机制；共同面对合成生物学可能带来的安全和伦理挑战，分享生物安全最佳实践，加强学习与交流，建立涵盖预警机制和有效监管体系的国际科技伦理治理合作联盟。

5.2.3 公　　正

（1）促进公平可及

坚持普惠性和包容性，切实保护各利益相关者的权益，推动全社会公平共享合成生物学的研究成果和预期产品，促进社会公平正义和机会均等；在提供产品和服务时，应充分尊重和帮助弱势群体、特殊群体，减少社会结构不平等，缩小贫富差距。

（2）保障惠益分享

可持续利用生物多样性组成成分，公平公正地利用遗传资源所产生的惠益；通过生物资源数据和信息交换共享，促进改性活生物体之类的合成生物产品技术转让、知识共享和合成生物学研究能力建设，涵盖研究过程、研究成果和技术资料的公平共享，同时考虑土著居民和当地社区的需求。

（3）维护全球公正

通过技术创新缩小现存全球政治和经济秩序不平等，一方面，充分考虑合成天然产物和生物燃料对发展中国家农业种植的冲击与影响；另一方面，充分利用合成生物技术提高疫苗和药物的全球可及性，促进全球健康公正。

5.2.4 尊　　重

（1）贯彻知情同意

尊重人的伦理原则要求尊重人的自主性，切实保障临床研究受试者的知情权和同意权；在充分尊重研究受试者的前提下，基于最高的伦理标准开展研究活动；知情同意的形式可随干预或科研的情况及其引发的风险大小而异，与科研发展的需求相平衡。

（2）保护个人信息

尊重人的伦理原则要求保护个人信息和隐私，依照合法、正当、必要和诚信原则处理个人信息，避免个人隐私和数据泄露，不得损害个人合法数据权益，构建隐私安全评估标准和保护方案，在数据/信息采集、传输、存储、处理、交换、共享和销毁全生命周期贯穿隐私安全保护。

5.2.5 尊　　严

（1）维护人的尊严

人的尊严是神圣、不可侵犯的，每一个人的存在本身就是有价值的。随着技术的发展，或将有能力干预人的内在本质，必须正视人固有的有限性和脆弱性，维护基于内在固有价值的尊严和权利；确保技术的人性化发展，避免去人化的趋势。

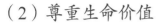
（2）尊重生命价值

合成生物学既挑战传统生命观念，又帮助理解生命本质。合成生物学通过理性设计和定向进化改造，合成现有不同物种生物体，应该承认有感觉能力的生命的内在价值，谨慎区分自然生命和人工生命的价值。

5.3　小　　结

与许多其他高科技类似，合成生物学也具有两用性。一方面，合成生物学有巨大的应用价值，造福人类。另一方面，也有伦理考量、技术谬用或者误用的风险。现有的遗传工程及基因操纵相关的管理条例可以适用于合成生物技术的潜在生物风险治理，但鉴于合成生物学的赋能应用高于现有基因操作，需要建立国际共识，从更宽泛的角度来讨论伦理、法律和监管制度。在合成生物学发展过程中，需要加强基于正面引导的公众科普、媒体对话，构建科学叙述；加强合成生物学学科建设、做好后备人才储备；加强国际科技交流与合作，共同推动合成生物学的健康快速发展。

简言之，科普教育、政策伦理和法规制定需要与合成生物学发展相伴而行，持续探讨和主动解决其潜在问题，为合成生物学健康发展保驾护航。

附录 名词解释

CAR-T 疗法（chimeric antigen receptor T cell）：嵌合抗原受体 T 细胞疗法是指通过基因修饰技术，将带有特异性抗原识别结构域及 T 细胞激活信号的遗传物质转入 T 细胞，使 T 细胞直接与肿瘤细胞表面的特异性抗原相结合而被激活，通过释放穿孔素、颗粒酶素 B 等直接杀伤肿瘤细胞，同时通过释放细胞因子募集人体内源性免疫细胞杀伤肿瘤细胞，从而达到治疗肿瘤的目的，并且可以形成免疫记忆 T 细胞，从而获得特异性的抗肿瘤长效机制。

CRISPR-Cas 基因编辑技术（CRISPR-Cas gene editing technology）：通过人工设计的向导 RNA（gRNA），引导 Cas 核酸酶（如 Cas9、Cas12a 等）或 Cas 复合物对基因组目标基因进行切割，引起 DNA 双链断裂，并通过细胞内 DNA 修复机制如异源末端连接（non-homologous end joining，NHEJ）或同源定向修复（homology directed repair，HDR），实现对目标位点特异性切割、删除、插入和替换等。

CRISPR-Cas 系统（CRISPR-Cas system）：是细菌和古细菌中用于抵御噬菌体等外源 DNA 入侵的适应性免疫系统，由 CRISPR（clustered regularly interspaced short palindromic repeat）和 Cas（CRISPR-associated gene）两部分组成。当噬菌体等入侵时，外源 DNA 信息被储存在 CRISPR 序列中；当噬菌体等再次入侵时，CRISPR 转录加工为成熟的 crRNA，引导 Cas 效应蛋白特异性靶向并清除对应的噬菌体等入侵 DNA 分子。

DNA 测序（DNA sequencing）：是指分析特定 DNA 片段的碱基序列，也就是腺嘌呤（A）、胸腺嘧啶（T）、胞嘧啶（C）与鸟嘌呤（G）的排列方式。

DNA 合成（DNA synthesis）：是指体外通过人工设计，并按 $3'{\rightarrow}5'$ 方向从头合成单链碱基序列的技术。

DNA 组装（DNA assembly）：是指体外或体内人工合成双链碱基序列的技术。

TALEN（transcription activator-like effector nuclease）技术：通过转录激活效应因子核酸酶对基因组目标 DNA 进行基因编辑的技术。TALEN 组成单元包括两部分，即可编程设计的转录激活效应蛋白（TALE，负责识别特异 DNA 序列）和限制性内切核酸酶 *Fok* I 的核酸酶切活性区域（负责切割 DNA）。

ZFN（zinc-finger nuclease）技术：通过锌指核酸酶对基因组目标 DNA 进行基因编辑的技术。ZFN 组成单元包括两部分，即可编程设计的锌指蛋白区域（负责识别 DNA 位点）和限制性内切核酸酶 *Fok* I 的核酸酶切活性区域（负责切割 DNA）。

氨酰 tRNA 合成酶（aminoacyl tRNA synthetase）：是一类识别特定氨基酸，并催化氨基酸的羧基和相应的 tRNA 末端羟基形成酯键的酶。经过氨酰化的 tRNA，随后进入核糖体参与蛋白质的合成。

半合成生物（semi synthetic organism）：将人造非天然碱基引入基因组 DNA，完成遗传信息的复制和转录，由此构建而成的生命体称为半合成生物，目前通常为大肠杆菌。

吡咯赖氨酸（pyrrolysine）：是指在产甲烷菌中发现的一种赖氨酸的衍生物，是已知的第 22 种被遗传编码、参与蛋白质生物合成的氨基酸。

边合成边测序法（sequencing by synthesis）：为当前最主流的高通量测序技术，是指在 DNA 聚合酶的作用下延伸碱基所进行的测序。

边连接边测序法（sequencing by ligase chain reaction）：是指利用 DNA 杂交和连接反应来测定 DNA 序列的方法。

病毒载体（virus vector）：是指利用基因工程技术对病毒进行改造，成为外源基因运送的载体，其通过感染细胞将外源基因转入细胞，并进行长期的基因表达。工具病毒载体具有转导效率高且外源基因表达水平高等特点。

测序读长（sequencing read）：是指测序反应所能测得的序列长度，在高通量测序技术中主要受多拷贝分子不同步的限制，在单分子测序技术中主要受提取获得的片段长度的限制。

肠道菌群粪菌移植（fecal transplantation of intestinal flora）：将健康人粪便中的功能菌群移植到患者胃肠道内，重建新的肠道菌群，实现肠道及肠道外疾病的治疗。

成体干细胞（adult stem cell）：是指位于各种分化组织中未分化的干细胞，这类干细胞具有有限的自我更新和分化潜力。

代谢途径设计（metabolic pathway design）：结合微生物强大且多样的生化反应网络，对微生物的代谢路径进行重塑和工程化改造，使其能够以低价值或可再生的资源为原料来生产各类高价值产品。代谢途径设计常以产品的高效生产为理念，并在此过程中平衡每步反应的代谢流与辅因子再生，并通过基因编辑及动态调控等技术解除产物和代谢中间体的反馈抑制，构建一条最优的产品合成途径。

单分子测序（single molecule sequencing）：无需经过 PCR 扩增即可实现对每一条 DNA 分子单独和实时测序，目前主要分为单分子荧光测序和纳米孔测序两条技术路线。

蛋白质偶联药物（protein drug conjugate）：通过化学链将生物或化学分子，如小分子化合物、蛋白质、DNA、RNA、糖和脂质等靶向连接在目标蛋白质上所形成的可以成药的蛋白质衍生物。

蛋白质前药（protein prodrug）：在生物体内经过化学反应或酶促反应发生转化之后，转变为活性蛋白质类药物的前体药物。

底盘细胞（chassis cell）：是将合成的功能化元件、线路和途径等系统置入宿主细胞而达到理性设计的重要合成生物学工程化平台。

电子供体（electron donor）：即空穴清除剂，是指在电子传递中供给电子的物质和接受氧化的物质。

多酶催化（multi-enzyme catalysis）：是指两个或多个酶参与的级联催化反应。在催化过程中，第一种酶催化形成的产物（中间体、中间产物）作为后续酶的底物或底物之一继续参与反应。

非平衡态（non-equilibrium）：系统中状态变量不是常量的定常状态。定常状态是指系统从初始状态开始随时间演进而进入的终态。非平衡态就是除平衡态以外的定常状态，包括周期运动状态（即振荡态）、概周期状态（即遍历态）以及混沌态。

非天然氨基酸（unnatural amino acid）：是指被遗传编码的 20 种天然氨基酸之外的氨基酸。在特殊的系统下，硒代半胱氨酸和吡咯赖氨酸在自然界中也可以被遗传编码，因此也被称为第 21 和第 22 种天然氨基酸；其余的氨基酸均可以被定义为非天然氨基酸。

非天然蛋白质（unnatural protein）：是指蛋白质的氨基酸组成除了 20 种天然标准氨基酸外，还包含其他人工合成的非天然氨基酸。

非天然碱基（unnatural base）：由人工设计合成并引入生物体内的新型碱基，包括四种天然碱基 A、T、C、G 的衍生物，以及人工创造的可以互补配对并用于转录、翻译的新型碱基 X、Y。

非细胞杂合体系（synthetic hybrid non-cellular biosystem）：是指由蛋白质、核酸、病毒等生物组分与非生物组分（一般是无机纳米材料）通过化学交联、吸附、矿化、组装等途径有序复合而成的功能结构。

辅酶再生（coenzyme regeneration）：在本战略研究中，辅酶再生是指：①将氧化态的烟酰胺类辅酶转化为还原态的烟酰胺类辅酶，如将 $NAD(P)^+$ 转化为 NADPH 的过程；②将腺苷二磷酸（ADP）转化为腺苷三磷酸（ATP）的过程。

干细胞（stem cell）：是指一类具有不同分化潜能，并在非分化状态下自我更新的细胞。

高通量测序样本加载密度（sample loading density of high throughput sequencing）：高通量测序芯片单位面积上对应的 DNA 簇或纳米球密度。

高通量芯片合成仪（high throughput chip synthesizer）：是指以芯片为合成载体的高通量合成装备。

共价蛋白质药物（covalent protein drug）：能够与靶标分子形成共价结合的、以蛋白质为基本骨架的药物，通常具有更强的持续性作用效应。

合成产量（synthetic yield）：是指单个合成单元中单条寡核苷酸链的产物总量。

合成错误率（synthetic error rate）：评价合成保真度的一项指标，即 DNA 合成中出现错误碱基总数与总合成碱基数的比值。

合成通量（synthetic flux）：是指单次合成可承载的最高寡核苷酸链种数。

合成效率（synthetic efficiency）：是指单步合成循环中，寡核苷酸中一个碱基与下一个碱基偶联反应的效率。

机器学习（machine learning）：使用计算机模拟人的学习行为以获取新的知识和能力，是人工智能技术核心的组成部分。它通常使用数学模型去拟合数据中的规律，从而能够比较准确地对新数据的特性做出判断，或者根据规律生成新的数据。

基因编辑（gene editing）：又称基因组编辑（genome editing），是通过具有靶向识别功能的核酸酶或复合物，特异性识别基因组中的目标 DNA 序列，并进行特异性切割、删除、插入和替换等（即"编辑"），从而改变宿主细胞相关遗传信息，获得新的功能或表型。

基因线路（genetic circuit）：根据已有的对基因和蛋白质调控网络机制规律的认识，用各种调控元件和被调节基因设计合成的遗传装置，可在给定条件下调控目的基因的表达，包括基因回路的重建、设计等。

　　间充质干细胞（mesenchymal stem cell）：是一种具有自我复制能力和多向分化潜能的成体干细胞，属于非终末分化细胞，既有间质细胞，又有内皮细胞及上皮细胞的特征，在体外特定的诱导条件下可分化为脂肪、软骨、骨、肌肉、神经、肝、心肌和内皮等多种组织细胞，连续传代培养和冷冻保存后仍具有多向分化潜能。

　　碱基编辑技术（base editing）：是基于 CRISPR-Cas 系统发展起来的靶基因碱基替换技术，目前依据碱基修饰酶的不同主要有胞嘧啶碱基编辑器（cytosine base editor，CBE）和腺嘌呤碱基编辑器（adenine base editor，ABE）。其基本机制是利用与 Cas9 突变体特异结合目标 DNA，并利用与 Cas9 突变体融合的胞嘧啶脱氨酶（CBE）或人工进化的腺嘌呤脱氨酶（ABE）对靶位点进行精准的碱基编辑。CBE 和 ABE 可以分别实现 C-T（G-A）或 A-G（T-C）的碱基替换。

　　焦磷酸测序法（pyrosequencing）：是一种新型的酶联级联测序技术，适于对已知的短序列进行测序分析，其可重复性和精确性能与 Sanger DNA 测序法相媲美，而速度却大大提高。焦磷酸测序技术产品具备同时对大量样品进行测序分析的能力，为大通量、低成本、适时、快速、直观地进行单核苷酸多态性研究和临床检验提供了非常理想的技术操作平台。

　　金纳米颗粒（gold nanoparticle）：也称为胶体金，是研究较早的一种纳米材料，其粒子尺寸一般为 1～100nm；对光具有很强的吸收、散射、光热转换能力；具有高电子密度、介电特性和催化作用；能与多种生物大分子结合，且具有良好的生物相容性。其在生物分析、纳米医学等领域应用广泛。

　　镜像生物系统（mirror-image biology system）：由镜像生物元件构成的系统。镜像生物元件是指与天然生物分子手性相反、互为镜像结构的生物元件，例如，全部由 D 型氨基酸构成的蛋白质、全部由 L 型核苷酸构成的核酸等。

　　聚合酶循环组装法（polymerase cycle assembly method）：是指无须依赖额外的DNA 连接酶，直接从人工合成的寡核苷酸引物开始组装获得目的 DNA 片段的方法。

　　空间转录组分辨率（spatial transcriptome resolution）：载体表面捕获探针簇之间的最小间距。

　　空间组学（spatial omics）：时间和空间维度上解析单个细胞的基因表达模式，

以及细胞类群的空间位置关系及生物学特征。

类器官（organoid）：通常指的是干细胞或器官特异性前体细胞通过体外增殖、分化和自组织等方式形成的，具有多种细胞类型及特定细胞排布的三维微组织，它能够部分反映来源组织器官的生理结构和功能特征。

类器官工程（organoid engineering）：是指利用工程学策略，可控设计类器官的细胞组成和自组织过程，以及模拟复杂组织微环境，从而实现在体外仿生构建具有更高可信度的 3D 器官模型系统。

量子点（quantum dot）：是由 IV、II-VI、IV-VI 或 III-V 元素组成的低维半导体材料，一般为球形或类球形，直径通常为 2～20 nm。量子限制效应使量子点具有独特的光学性质。量子点具有荧光量子产率高、光稳定强、激发谱宽、发射谱窄、荧光波长可调节等优异性质，在生命科学、半导体器件等领域有重要应用。

免疫原性（immunogenicity）：能引起免疫应答的性能，即抗原能刺激特定的免疫细胞，使免疫细胞活化、增殖、分化，最终产生免疫效应物质抗体和致敏淋巴细胞的特性。

胚胎干细胞（embryonic stem cell，ESC）：是指源自人体囊胚中内细胞团的初始（未分化）细胞，它可无限期繁殖，并且具有向三个胚层所有细胞分化的潜力。

普适类（universality class）：在相变临界点附近，统计物理领域使用临界指数来定量描述物理量的临界行为，具有相同临界指数的相变现象就属于同一个普适类。

器官芯片（organ-on-a-chip）：是一种微型细胞培养器件，可在体外模拟包含多种活体细胞、功能组织界面、生化因子以及生物力（如流体剪切力、牵张力）等复杂因素的组织器官微环境，用以反映人体器官对药物或环境因素等刺激的响应。

器官修复（organ repair）：是指利用组织器官工程方法，形成或再生器官，并用于器官缺损修复的技术。

人工辅酶（artificial cofactor）：是指具有与天然辅酶类似的分子结构，并能行使电子传递功能的物质。

人工神经网络（artificial neural network）：通常简称神经网络，是一种模仿动物神经网络行为的数学模型，它通过复杂的内部连接实现复杂的信息处理过程，是机器学习的一种方法。

人工智能（artificial intelligence）：是计算机科学的一个分支，它企图了解智能的实质，并生产出一种新的能以人类智能相似的方式做出反应的智能机器。该领域的研究包括机器人、语言识别、图像识别、自然语言处理和专家系统等。

桑格测序法（Sanger sequencing）：又称为双脱氧链终止法测序，由 Sanger 等 1977 年发明。其原理是利用一种 DNA 聚合酶来延伸结合在待定序列模板上的引物，直到掺入一种链终止核苷酸为止。每一次序列测定由一套四个单独的反应构成，每个反应含有所有四种脱氧核苷酸三磷酸（dNTP），并混入一种限量的、不同的双脱氧核苷三磷酸（ddNTP）。

深度学习（deep learning）：通常是指连接层很多的神经网络，由于其内部更复杂的构造，能够完成更复杂的生物规律的准确提取和表示，从而实现准确的预测及生成等任务。

生物传感（biosensing）：是指利用生物物质（如酶、蛋白质、DNA、抗体、抗原、生物膜、微生物、细胞等）作为识别元件，将生化反应转变成可定量的物理、化学信号，从而能够进行生命物质和化学物质检测及监控的技术。

生物打印（bioprinting）：是一种增材制造技术，整合医学、工程学、电子学、生物学，运用层积制造方法完成生物活性材料和细胞的精准空间排布，产生功能性活组织，是利用类似于 3D 打印的技术结合细胞、生长因子和生物材料，以制造出最大限度模仿自然组织特征的生物医学部件，实现与目标组织或生物器官相同甚至更优越的功能，用于组织修复、器官移植，在医疗及组织工程领域有极大应用。

生物法合成技术（biosynthesis technology）：是指不依赖于已有的 DNA 模板分子，利用 DNA 末端转移酶和一些种类的 DNA 聚合酶直接催化 DNA 链的合成技术。

生物-非生物杂合体系（synthetic hybrid biological-abiological system）：是指由生物（核酸、蛋白质、病毒等）和非生物（无机微纳材料等）组分构成的元件或系统。生物组分和非生物组分可以通过分子组装、生物矿化等途径有序地结合在一起，带来性质增强或功能涌现。生物-非生物杂合体系可分为非细胞杂合体系和杂合细胞体系。

生物元件（biological part）：具有特定功能的氨基酸或核苷酸序列，如用于基因表达调控的调控元件（包括启动子、终止子、核糖体结合位点）、特定功能的结构元件（如天然产物合成途径中酶基因）等。它们是生物体最基本的组成单元，也是合成生物学研究中构建人工生命体最基础的模块。

生物铸造工厂（biofoundry）：是指以合成生物学为理论基础，把自动化工业的智能制造理念引入到合成生物学研究中，基于智能化、自动化及高通量设备，结合设计软件与机器学习，快速、低成本、多循环地完成"设计-构建-测试-学习"的闭环，服务于合成生物学科学研究与产业应用的大规模、高通量、智能化软硬件平台。

四联密码子（quadruple codon）：通过生物正交元件的改造，使蛋白质翻译过程中 mRNA 的部分区域由四个核苷酸翻译成一个氨基酸，编码该氨基酸的这四个核苷酸即四联密码子，区别于天然氨基酸编译系统中"三联密码子"。

糖基化（glycosylation）：是指在糖基转移酶的催化作用下将糖转移至蛋白质，与蛋白质上的氨基酸残基形成糖苷键的过程，是蛋白质的一种重要的翻译后修饰，对调节蛋白质功能具有重要作用。

通用型细胞治疗（universal cell therapy）：通过基因工程改造人类白细胞抗原（HLA）、T 细胞受体（TCR）分子等方式，避免异基因细胞治疗引起的免疫排斥，从而可以不考虑个体因素，实现治疗细胞的通用化、标准化、规模化，像药品一样进行质量表征、控制和应用。

无细胞蛋白质合成（cell-free protein synthesis，CFPS）：在体外开放体系中，实现生物学中心法则的转录和翻译过程。

无义密码子（nonsense codon）：即终止密码子，包括琥珀终止子 UAG（amber codon）、蛋白石密码子 UGA（opal codon）、赭石密码子 UAA（ochre codon）。这三个密码子的名称是由这些终止密码子的发现者命名的。

细胞工厂（cell factory）：是指经人工设计的、能够进行某些特定物质生产的细胞代谢体系。经改造后的细胞能够利用有机或无机底物作为碳源，在能量的驱动下，激活胞内基因的转录、翻译并指导蛋白质的表达，最终输出特定的生化产品。

细胞外基质（extracellular matrix，ECM）：是指由细胞产生并分泌到细胞外周质中的物质，主要包括纤维成分（如胶原和弹性蛋白）、连接蛋白（如纤连蛋白等）和填充分子（通常是糖胺聚糖）等。

细胞治疗（cell therapy）：是指将正常的或某些具有特定功能的细胞采用生物工程的方法获取和（或）通过体外扩增、特殊培养等处理后，使这些细胞具有增强免疫、杀死病原体和肿瘤细胞、促进组织器官再生和机体康复等治疗功效，再将这些细胞移植或输入到患者体内，用新输入细胞替代受损或患病的细胞，或刺激身体的免疫反应或再生的治疗，通常使用的是干细胞或免疫细胞。

相变（phage transition）：物质在外部参数的连续变化下从一种状态转变成了另一种状态。

血管化（vascularization）：体外构建的三维组织中形成血管样结构的现象。血管化有利于解决类器官内部结构中氧气和营养物质缺乏的问题，是目前类器官研究的焦点之一。

亚磷酰胺三酯合成法（phosphoramidite triester synthesis）：目前最为广泛使用的基于化学原理的寡核苷酸合成方法，即溶液中的寡核苷酸单体通过偶联反应形成$3'→5'$磷酸二酯键，从而连接到固相载体上。

一锅法（one-pot）：是指将所有反应物质以溶液化学形式在一个容器内简单混合。

遗传密码子拓展（genetic code expansion）：是通过正交的氨酰 tRNA 合成酶及对应的 tRNA 等元件，利用无义密码子或新创造的密码子来编码非天然氨基酸的技术。

引导编辑技术（prime editing）：引导编辑技术是基于 CRISPR-Cas 系统发展起来的新型靶基因编辑技术。引导编辑系统由两部分构成：其一是 nCas9（H840A）与工程化改造的逆转录酶融合构成的效应蛋白；其二是包含逆转录模板的引导编辑向导 RNA（prime editing guide RNA，pegRNA）。引导编辑系统在不需要双链断裂和DNA外源模板的前提下，通过 pegRNA 引导 nCas9-逆转录酶融合蛋白对目标DNA位点进行单链 DNA 切割，进而利用 pegRNA 携带的逆转录酶模板，逆转录产生设计的 DNA 片段，在目标位点实现其精准的插入或碱基的任意替换等。

涌现（emergence）：一种现象，是指许多小实体相互作用后产生了大实体，而这个大实体展现了组成它的小实体所不具有的特性。

诱导多能干细胞（induced pluripotent stem cell）：是指一类通过人体细胞重编程技术人工诱导获得的、具有类似于人体胚胎干细胞多能性分化潜力的干细胞。

杂合细胞体系（synthetic hybrid cellular biosystem）：是指携带或含有无机纳米材料等非生物组分并以之为生物合成产物或功能单元的工程化细胞。杂合细胞体系可通过在活细胞负载化学合成的非生物组分或直接生物合成非生物组分进行构建。

再生医学（regenerative medicine）：是指应用生命科学、材料科学、临床医学、计算机科学和工程学等学科的原理和方法，研究和开发用于替代、修复、重建或再生人体各种组织器官的理论和技术的新型学科及前沿交叉领域。

正交核糖体（orthogonal ribosome）：经过人工改造，可以识别特定的氨酰化的tRNA 而不与内源系统互相干扰的核糖体。

知识图谱（**knowledge graph**）：通常指的是文本中多种概念之间的联系通过网络关系可视化出来。

质体工程（**plastid engineering**）：除了传统的细胞核基因组外，植物的质体基因组同样可以实现遗传操作。自从 1990 年首例质体转基因烟草诞生，越来越多的质体转化被成功报道，质体已经成为植物合成生物学研究领域热点。

柱式合成仪（**column synthesizer**）：是指基于柱体内填充的多孔硅材料为反应载体的低通量合成装备。

自组织（**self-organization**）：如果一个系统不依赖外部指令，系统按照相互默契的某种规则，各尽其责而又协调、自动地形成有序结构，就是自组织。